中国长岛生物多样性图鉴丛书

中国长岛 鸟类图鉴

于国旭　顾晓军　主编

U0162094

中国林业出版社
China Forestry Publishing House

图书在版编目（CIP）数据

中国长岛鸟类图鉴 / 于国旭，顾晓军主编 . -- 北京：
中国林业出版社 , 2023.6

（中国长岛生物多样性图鉴丛书）

ISBN 978-7-5219-2251-6

Ⅰ . ①中... Ⅱ . ①于... ②顾... Ⅲ . ①鸟类—长岛县
—图集 Ⅳ . ① Q959.708-64

中国国家版本馆 CIP 数据核字 (2023) 第 128164 号

策划编辑：肖　静
责任编辑：袁丽莉　肖　静
策划设计：顾晓军
装帧设计：烟台永卓图片设计广告有限公司

——————————

出版发行：中国林业出版社

（100009，北京市西城区刘海胡同 7 号，电话 83143577）

电子邮箱：811045365@qq.com

网址：www.forestry.gov.cn/lycb.html

印刷：北京雅昌艺术印刷有限公司

版次：2023 年 6 月第 1 版

印次：2023 年 6 月第 1 版第 1 次印刷

开本：787mm×1092mm　1/16

印张：25.5

字数：486 千字

定价：280.00 元

编辑委员会

序　言

　　长山列岛是我国黄（渤）海海域重要的海上物种基因库，这里的鸟类丰富多样，是东亚重要的鸟类栖息地之一。

　　著名生态摄影师、中国野生动物保护协会生态影像文化委员会副秘书长顾晓军先生热爱拍摄和研究鸟类多年，他和于国旭先生主编的这部《中国长岛鸟类图鉴》以准确的图文、系统的影像，全面记录了长岛黄（渤）海海域的鸟类。这次他请我为《中国长岛鸟类图鉴》作序，我感到非常荣幸。

　　我去过长岛多次，每一次去都会加深这样的认识——长岛海洋生态的保护于中国自然保护全局来讲，有着极为特殊的、重大的生态价值和国土安全价值。

　　首先，长岛群岛及其周边海域是我国最具代表性的温带海岛—浅海湿地—海洋生态系统，分布着黄（渤）海海域最丰富的海草床和海藻场，是各种海洋生物在渤海与黄海间洄游的重要通道，更是西太平洋斑海豹、东亚江豚的生态走廊和重要栖息地。这里的海上牧场非常发达，是著名的鲍鱼之乡、扇贝之乡、海带之乡，是我国最早的海洋文化发祥地之一。

　　其次，这里是东亚—澳大利西亚世界重要鸟类迁徙路线上非常关键的一环，每年有上百万只鸟类在这里途径停歇、栖息和繁殖，包括东方白鹳、黑鹳、丹顶鹤、白头鹤、黄嘴白鹭以及金雕、白肩雕、长耳鸮、鹰鸮、红隼等数十种国家重点保护野生动物。

　　第三，这里有黄（渤）海分界砾脊等独特罕见的地质遗迹景观，海蚀和海积地貌景观在国内都罕见且极具保护价值，独特的地理环境吸引了许多鸟类前来觅食。

　　第四，这里是京津冀地区唯一的、非常重要的海上生态安全屏障，整个渤海海域也是鸟类栖息的家园。

　　近年来，长岛的生态保护与建设取得了长足的进步，在打造全国海洋生态文明海岛样板，建设蓝色生态之岛、休闲宜居之岛、军民融合之岛的进程中成果显著。《中国长岛鸟类图鉴》用图文并茂的方式全面介绍了长岛鸟类，是一本集科研性、观赏性为一体的鸟类工具书，值得好好欣赏和认真阅读。

　　值得欣喜的是，长岛现在已经被列入《国家公园空间布局方案》，为迎接这片"海上仙境"长岛的海洋国家公园建设的历史契机，我也将用自己微薄之力，和长岛人一起努力，相信长岛将迎来生态环境建设更加美丽的明天！

　　《中国长岛鸟类图鉴》共收录野生鸟类 377 种，是至今为止收录最全的一部长岛鸟类工具书。本书图片影像清晰，主题画面生动，背景资料真实，版面设计新颖，相信本书的出版一定会对长岛鸟类资源的科学研究和保护管理提供重要的参考价值。

中国林业生态摄影协会主席
北京林业大学教授、博士生导师　陳建偉

2023 年 3 月

前　言

　　长岛是长山列岛的简称，又称庙岛群岛，隶属于山东省烟台市。长岛地处胶辽半岛之间、黄（渤）海交汇处，由 151 个岛屿组成，南北纵列于渤海海峡，占其总长度的三分之二。长岛岛陆面积 61.17 平方千米，海域面积 3240.8 平方千米，海岸线 177.2 千米，有居民岛 10 个，辖 10 处乡镇（街道、保护发展服务中心），有 40 个行政村，人口 4.1 万。长岛生态环境优良，自然风光秀美，近海水质和空气质量分别为国家一类和二类标准，素有"海上仙山""避暑胜地"之称。这里生物资源富集，年途经候鸟 370 多种 120 多万只，栖息西太平洋斑海豹 400 余只，是中国鲍鱼之乡、扇贝之乡、海带之乡。长岛历史文化悠久，渔俗、妈祖、史前、地质等文化资源独具特色。长岛国防价值特殊，是渤海咽喉、京津门户、海防要塞，创出了"七个全国拥军第一"，先后七次获评"全国双拥模范县"。长岛记录有陆、海、空生物 3500 多种，是黄（渤）海海洋海岛生态地理区中生物多样性最为丰富的区域，是多重生态过程和连通性的关键枢纽，是维持渤海生态功能的核心节点、京津冀首都圈的海上生态安全屏障，生态区位极其重要。

　　长岛是东亚—澳大利西亚全球候鸟迁徙通道黄（渤）海上的重要节点，是我国候鸟跨渤海湾迁徙的重要通道和主要停歇地，特别是其迁徙猛禽种类多、数量大，占我国迁徙猛禽物种总数量的 80% 以上，成为我国候鸟迁徙和保护的关键地区。长岛分布有国家重点保护野生鸟类 91 种，其中：国家一级保护野生鸟类 21 种，即青头潜鸭、中华秋沙鸭、大鸨、白鹤、丹顶鹤、黑嘴鸥、短尾信天翁、黑鹳、东方白鹳、黑脸琵鹭、黄嘴白鹭、秃鹫、乌雕、草原雕、白肩雕、金雕、白尾海雕、猎隼、黄胸鹀、白枕鹤、白头鹤；国家二级保护野生鸟类 70 种，包括白额雁、疣鼻天鹅、小天鹅、大天鹅、鸳鸯、角䴙䴘等。此外，长岛还分布有《濒危野生动植物种国际贸易公约》（CITES）附录物种 64 种、《世界自然保护联盟濒危物种红色名录》（IUCN 红色名录）物种 40 种、《中日候鸟保护协定》物种 166 种、《中澳候鸟保护协定》物种 46 种。

　　本图鉴以 2022 年《长岛国家公园评估区综合科学考察报告》收录的野生鸟类 346 种为基础，加之近两年生态摄影师和鸟类调查团队新发现的野生鸟类 31 种，最终确定收入本图鉴的长岛野生鸟类为 377 种。本图鉴收集的鸟类照片绝大多数是在长岛拍摄的，最久的是 20 多年前拍摄的，但有些鸟类在长岛还是没有拍摄到，例如，环志记录中的短尾信天翁是生活在寒带地区的鸟类，二十世纪五十年代有在长岛被观察过的记录，我们就征集了其他摄影师在北极地区拍摄该鸟的照片编辑到图鉴中。

　　本书的分类系统、科属的排序、鸟类名称、地理分布等，均参照《中国鸟类观察手册》文字部分的描述，并参考了《蛇岛老铁山保护区鸟类图鉴》《秦岭鸟类原色图鉴》《汉中鸟类图鉴》《长白山野生鸟类图鉴》《昆嵛山鸟类图鉴》《国家重点保护野生动物图鉴》的规范性描述。

　　这本长岛鸟类图集，汇聚多名生态摄影师和鸟类调查者多年的辛勤付出，也体现出他们对长岛生态和鸟类的热爱。对他们的付出，我们表示崇高的敬意和谢意！

　　本图鉴的编撰和整理力求科学规范，但水平有限，难免有疏漏和错误，诚心接受有识之士批评指正。

编辑委员会

2023 年 3 月

目 录 ▬▬

> 鹰形目 / 鹰 科

> 鹤形目 / 秧鸡科

> 鸻形目 / 蛎鹬科

> 鸻形目 / 反嘴鹬科

> 鸻形目 / 鸻 科

> 鸻形目 / 彩鹬科

> 鸻形目 / 鹬 科

观鸟的基础知识

（引自于晓平、李金刚《秦岭鸟类原色图鉴》）

鸟类的野外识别

在无法大量采集鸟类标本的情况下，鸟类的野外识别在鸟类研究，尤其在鸟类群落的研究中显得尤为重要。鸟类种类的识别要综合观察季节、外部形态、鸣叫、生态习性和小生境等多种特征，从而获得较为准确的个体识别信息。

1. 观察季节

在某一地区全年都可观察到的鸟类为当地留鸟；春季和夏季可观察到夏候鸟，此时的鸟类大都已换上鲜艳的繁殖羽；秋季和冬季则能观察到留鸟、冬候鸟、迁徙过境鸟。故可以根据观察季节与鸟类的居留类型是否相符来排除不符合的种类，从而缩小疑似种的范围。

2. 外部形态

鸟类的体形大小、羽色、翼型、喙型、脚型以及特殊结构是识别鸟类的最主要依据。

判断鸟类体形时，可以选择常见鸟作为体形大小的参照标准。麻雀类（*Passer* spp.）体长约 12 厘米，与之相近的有雀科（Passeridae）≈鹡鸰科（Motacillidae）≤鹟科≤鸫科等小型鸟类；家鸽体长约 30 厘米，与之相近的有鹬科（Scolopacidae）≤鸠鸽科（Columbidae）≤隼科（Falconidae）≤鸦科（Corvidae）等中型鸟类；家鸡体长约 60 厘米，与之相近的有雉科（Phasianidae）≤鸭科（Anatidae）≤鹰科（Accipitridae）等大型鸟类。

观察羽色时应先考虑身体大部颜色，再考虑细部羽色差别。如大体黑色的鸟类有乌鸫（*Turdus merula*）、乌鸦（*Corvus* spp.）、八哥（*Acridotheres* spp.）、黑水鸡、骨顶鸡（*Fulica atra*）、鸬鹚（*Phalacrocorax* spp.）等；大体白色的有白鹭（*Egretta* spp.）、天鹅（*Cygnus* spp.）、鸥类（*Larus* spp.）等；黑白两色相间的有白鹡鸰（*Motacilla alba*）、喜鹊（*Pica pica*）、反嘴鹬（*Recurvirostra avosetta*）、凤头潜鸭（*Aythya fuligula*）等；大体灰色的有岩鸽、苍鹭（*Ardea cinerea*）、杜鹃（*Cuculus* spp.）、赤腹鹰（*Accipiter soloensis*）等；大体绿色的有绣眼鸟（*Zosterops* spp.）、柳莺（*Phylloscopus* spp.）等。

猛禽飞行时翼展开的形状是重要的辨识特征，隼类（*Falco* spp.）的翼形尖而狭长，鹰类（*Accipiter* spp.）的翼形较短圆，雕类（*Aquila* spp.）的翼形极长而宽且翼指明显。

鹭科鸟类的喙极长而尖，鹮科（Threskiornithidae）种类的喙长而弯曲，鹰隼类（Falconiformes）的喙短而形如钩，雀科种类的喙短而呈圆锥状。很多鸟类如雁鸭类、鸻鹬类等具有显著的翼镜和翼斑。

鹳（*Ciconia* spp.）、鹭（*Ardea* spp.）、白鹭（*Egretta* spp.）、鹤（*Grus* spp.）的脚极细长，

鹛鹛 (*Podiceps* spp.)、潜鸟 (*Gavia* spp.) 的脚生于躯体近末端，秧鸡 (*Rallus* spp.) 和水雉 (*Hydrophasianus chirurgus*) 的脚和脚趾都极细长，鸡形目 (Galliformes) 雄鸟的脚有距，雁形目 (Anseriformes) 鸟类的脚具蹼。

很多鸟类的特定部位生有形态奇特的羽毛，有些鸟类则生有特化结构。例如，戴胜 (*Upupa epops*) 的长羽冠可以如扇子般收展，白鹭繁殖期会在枕后垂生两根线状长羽，寿带 (*Terpsiphone* spp.) 雄鸟繁殖期两枚中央尾羽长如飘带，多数雉科种类雄鸟生有羽冠和长尾羽。鹈鹕和鹈鹕 (*Pelecanus* spp.) 生有大型喉囊；雄性角雉 (*Tragopan* spp.) 头部有肉质角，喉部有肉裙；距翅麦鸡 (*Vanellus duvaucelii*) 的翼角有角质尖距。

3. 鸣叫

鸣叫是识别很多鸟类的重要依据，尤其是雀形目鸟类。如珠颈斑鸠繁殖期的叫声如"谷咕谷一谷" (ter-kuk-kurr)，喜鹊的特征性叫声"嘎一嘎一嘎" (ga-ga-ga)，大杜鹃 (*Cuculus canorus*) 因其叫声"布谷一布谷" (kuk-oo) 而得名布谷鸟，四声杜鹃 (*Cuculus micropterus*) 的叫声则听似四音节的"光棍好苦" (one-more-bottle)。但是以鸟类叫声识别种类取决于长期的经验积累和对某一地区的熟悉程度。

4. 生态习性

鸟类的很多行为是具有特征性的，可作为快速识别各大类群的依据。例如鹬科 (*Scolopacidae*)、鹭科 (*Ardeidae*)、鹤科 (*Gruidae*) 鸟类常在水滨涉水觅食，鹛鹛科 (Podicipedidae)、鸬鹚科 (Phalacrocoracidae) 种类能长时间潜水，鹡鸰科种类的飞行轨迹为波浪形曲线，鸭科种类常站在树顶鸣唱，䴓科 (Sittidae) 种类可以头朝下在树干上爬行，雉科种类常用脚扒刨地面落叶，隼形目猛禽停栖时常选择悬崖和枯树。

5. 小生境

由于鸟类的适应性极强，栖居同一生境的众多鸟类为了充分利用资源，往往选择不同的生境作为活动区域，这些小生境的选择往往具有鸟种特征性。歌鸲 (*Erithacus* spp.)、林鸲 (*Tarsiger* spp.)、鹛类 (*Garrulax* spp.) 等常在林地的地被层和灌丛活动，啄木鸟 (Picidae)、䴓 (*Sitta* spp.)、旋木雀 (*Certhia* spp.)、山雀 (*Parus* spp.) 等常在树干活动，绣眼鸟 (*Zosterops* spp.) 等则常在花枝取食，很多柳莺常啄食叶片背面的蚜虫，在树顶停歇的有鹎类 (*Pycnocotus, Spizixos & Hypsipetes* spp.)、黄鹂 (*Oriolus* spp.)、卷尾 (*Dicrurus* spp.) 等，城市绿地常有鸫类 (*Turdus* spp.)、蜡嘴雀 (*Eophona* spp.)、斑鸠 (*Streptopelia* spp.) 活动。

鸟类身体部位示意图

（引自刘阳、陈水华《中国鸟类观察手册》）

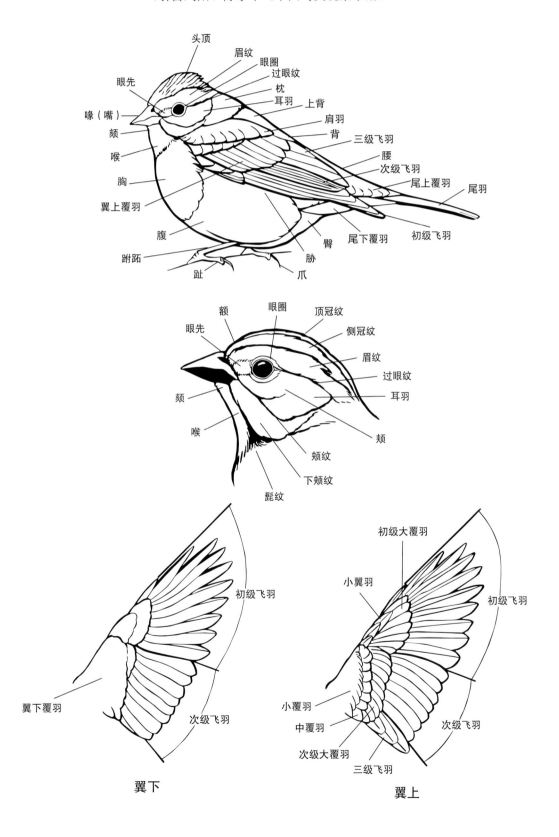

头顶
眉纹
眼圈
过眼纹
枕
耳羽
上背
肩羽
背
三级飞羽
腰
次级飞羽
尾上覆羽
尾羽
眼先
喙（嘴）
颏
喉
胸
翼上覆羽
腹
跗跖
趾
爪
胁
臀
尾下覆羽
初级飞羽

额
眼圈
顶冠纹
侧冠纹
眉纹
眼先
过眼纹
耳羽
颏
喉
颊
颊纹
下颊纹
髭纹

初级大覆羽
小翼羽
初级飞羽
翼下覆羽
次级飞羽
小覆羽
中覆羽
次级大覆羽
三级飞羽
次级飞羽

翼下

翼上

观鸟常用名词解释

（引自周树林《长白山野生鸟类图鉴》）

★耳羽：外耳孔周围的羽毛。

★过眼纹：又称贯眼纹，穿过眼睛的条状纹。

★眼圈：眼周的羽毛，通常是浅色的。

★胁部：鸟类身体两侧部分。

★眼先：眼睛和嘴之间的裸露区域。

★上背：上背的羽毛。

★翼指：鸟类飞翔时凸出的像人手指的外侧飞羽。在猛禽里可以通过翼指来识别其种类。

★翼镜：鸟类的次级飞羽以及邻近的大覆羽常具金属光泽的羽毛，与其他飞羽和覆羽的颜色不同。

★初级飞羽：着生在"手部"（腕骨、掌骨和指骨）的飞羽，通常 9~12 枚。

★次级飞羽：着生在"前臂"（尺骨）上的飞羽，通常 10 或 20 枚。

★三级飞羽：翅膀内侧最靠近身体的一列羽毛。

★肩羽：鸟类在合拢翅膀停栖时翅膀面的一列羽毛。

★尾羽：长在尾综骨的正羽，通常 10 或 12 枚。

★眉纹：鸟类眼眶上面的羽毛跟周围羽毛色不同而形成的条状纹。

★跗跖：由部分跗骨和部分跖骨愈合并延长而成，通常不被羽，表皮角质化，呈鳞片状。

★尾下覆羽：尾羽下覆盖的羽毛。

★尾上覆羽：尾羽背侧覆盖的羽毛。

★翅上覆羽：飞羽上面覆盖的羽毛。

★小翼羽：鸟类第一枚指骨上生长的短小而坚韧的羽毛，在飞行中打开可以起到增大阻力的作用。

★臀部：尾羽下方的区域。

★翅斑：翅膀上面排成条状的与周围颜色不同的区域。

★繁殖羽：一些鸟类在繁殖期换上的非常鲜艳的羽毛，特别是很多雄鸟具有漂亮的饰羽。

★非繁殖羽：非繁殖期的羽毛，通常比较暗淡。但一些鸟类繁殖期与非繁殖期的羽色相差不多。

★换羽：鸟类脱落旧的羽毛而换上新的羽毛的过程。

★色型：因为遗传差异，同种鸟类不同成年个体具有不同的羽色类型。

★暗色型：鸟类黑色素表达增多，部分或全部羽色过于发黑的现象。

★蜡膜：鸠鸽类、猛禽等鸟类鼻孔周围的裸皮。

★偶见鸟：不常出现在一个地区的鸟种。

★留鸟：一年四季停留于一个地区的鸟种，不做长距离迁徙。

★夏候鸟：仅在夏季出现于某个地区的繁殖鸟种。

★冬候鸟：仅在冬季出现于某个地区的鸟种。

★旅鸟：仅在春秋迁徙季节经过某个地区的鸟种，既不在此地越冬，也不在此地繁殖。

★迷鸟：偏离其正常分布区域，因迁徙过程中受气候或经验因素影响，导致迷路而出现在某个地区的鸟种。

★迁徙：鸟类有规律的季节性的迁移，包括经纬度上的和海拔上的迁移。

★扩散：鸟类在出生地与首次繁殖地或者两次繁殖地之间的位移。

★引入物种：在自然情况下不分布于某地区，经人为引入到该地区，包括宠物逃逸或者放生等原因而在野外被记录到的物种。有些引入物种会在野外繁殖，建立野化种群。

★特有物种：仅在一个国家或者地区分布的物种。

★杂交个体：两不同物种的后代。

★雏鸟：鸟类出壳后尚未换上正羽的阶段，全身裸露或仅被绒羽。

★幼鸟：雏鸟首次换上正羽（稚羽）后至首次换羽（稚后换羽）前的阶段，无繁殖能力。

★亚成鸟：幼鸟在首次换羽之后至换上成羽之前的过渡阶段，无繁殖能力，通常数周到数年。有些类群，如猛禽、鸡类，常常要经历数年的亚成鸟阶段，每一年亚成鸟的羽色都不同。

★未成年鸟：泛指鸟类换上正羽后至换上成羽之前的生长阶段，包括幼鸟和亚成鸟。

★成鸟：具备繁殖能力且羽色基本稳定的鸟类。

★早成鸟：雏鸟出壳时全身已经长满绒羽，羽毛一干即可随父母觅食和活动的鸟类。

★晚成鸟：雏鸟出壳时全身几乎无羽毛，眼睛未睁开，无法离巢活动，需要父母喂食才能存活的鸟类。

★游禽：爪间具蹼，擅长游泳或潜水的鸟类，包括雁鸭类、潜鸟类、鸊鷉类、鸬鹚类等。

★涉禽：具有"颈长、嘴长、腿长"的特点，常在浅水区域活动的鸟类，包括鸻鹬、鹤类、鹭类等。

★陆禽：足强健，如鸡形目、鸽形目等擅长在地面奔走的鸟类。

★猛禽：掠食型或者食腐性鸟类，通常具有锐利的嘴和爪，包括鹰类、隼类、鸮类。

★攀禽：脚趾的排列为非典型性，脚趾常两前两后或者四个脚趾向前，或者虽然为常态足，但是趾基部存在并联的鸟类。

★鸣禽：雀形目鸟类，体形较小，具有发达的鸣管和鸣肌而擅长鸣叫的鸟类。

★海洋鸟类：在海洋或者海岛上生活的鸟类。由于很少靠岸，所以很难观测到。

★爆发式出现：冬季一些分布在寒带的鸟类（山雀类、雀类）突然集大群觅食迁移的现象。

★泰加林：又称寒温带针叶林或北方针叶林，广泛分布在北半球寒温带大陆，在中国主要分布于内蒙古大兴安岭北部和新疆阿勒泰地区。

★泰加林带：是指从北极苔原南界树木线开始向南延伸1000多千米宽的北方塔形针叶林带，为水平地带性植被，是世界上最大的独具北极寒区生态环境的森林带类型。泰加林带主要由耐寒的针叶乔木组成森林植被类型，主要的树种是云杉、冷杉、落叶松等，且往往是单一树种的纯林。

★古北界：世界陆地动物（包括鸟类）地理六大区系之一，包括全部欧洲、北回归线以北的非洲和阿拉伯、喜马拉雅山和秦岭山脉以北的亚洲、亚欧大陆附近的岛屿等动物区系。在国内动物地理区划上包括东北区、华北区和蒙新区。

★东洋界：世界陆地动物（包括鸟类）地理六大区系之一，是指热带与亚热带亚洲及其附近岛屿的动物区系。在国内动物地理区划上包括华中区、华南区和华西区。

★我国古北界与东洋界的界线：一般自西向东依次以喜马拉雅山脉、横断山脉、秦岭和淮河为界线，以北为古北界，以南为东洋界。

★中国七大地理区划：

东北——辽宁省、吉林省、黑龙江省，或东北四省（自治区）（包括内蒙古东部）。

华北——河北省、山西省、北京市、天津市和内蒙古自治区的大部分地区。

西北——陕西省、甘肃省、宁夏回族自治区、青海省、新疆维吾尔自治区。

华东——江苏省、浙江省、安徽省、福建省、江西省、山东省、上海市、台湾地区。

华中——河南省、湖北省、湖南省。

华南——广东省（包括东沙群岛）、广西壮族自治区、海南省（包括南海诸岛）、香港和澳门特别行政区。

西南——四川省、云南省、贵州省、重庆市、西藏自治区的大部分地区以及陕西省南部（陕南地区）。

䴙䴘目

　　䴙䴘目鸟类为小型游禽,全身羽毛柔软密集,嘴呈锥形。该鸟类喜栖息于淡水湖泊和池塘,善于游泳和潜水,飞翔能力较差,受惊吓时常贴水面飞行或潜水。食物主要为小鱼、虾、水生昆虫、软体动物和水生动物。䴙䴘目鸟类分布广泛,世界各大洲均有分布。主要类群为䴙䴘科。

顾晓军 / 摄

丰淑亮 / 摄

顾晓军 / 摄

小鸊鷉　　鸊鷉目 | 鸊鷉科

【学　　名】*Tachybaptus ruficollis*

【英 文 名】Little Grebe

【别　　名】水葫芦、潜水鸭子

【形态特征】小型游禽，体形最小的鸊鷉，体长23~29厘米。雌雄酷似。繁殖期颊、颈部栗红色，头部及颈、背、胸深褐色，上体褐色，下体偏灰，具明显黄色嘴斑。非繁殖期上体棕色，下体白色。虹膜黄色；嘴褐色；脚蓝灰色。

【生态习性】留鸟；栖息于生长芦苇、水草的水域；常成松散群体，善潜水；以鱼虾、水生昆虫、杂草籽为食；繁殖期5~7月，水面浮巢，窝卵数4~8枚，双亲育雏，雏鸟早成。

【居留状况】全国各地普遍常见。长岛域内常见，有在长岛繁育的记录。

【保护状况】LC(无危)。

顾晓军 / 摄

赤颈䴙䴘　　䴙䴘目｜䴙䴘科

【学　　名】*Podiceps grisegena*

【英 文 名】Red-necked Grebe

【别　　名】赤襟䴙䴘

【形态特征】中型游禽，体长 40~57 厘米。繁殖羽头顶略具黑色羽冠，颊、喉灰白色，前颈和颈侧栗色，头顶至背黑褐色，下体灰白色。非繁殖羽头顶黑色，头侧和喉白色，前颈灰褐色，下体白色。虹膜褐色；嘴前端黑色，基部黄色；脚灰黑色。

【生态习性】夏候鸟；栖息于海拔 500 米以下低山带的江河、湖泊、水库等湿地；善于游泳和潜水，遇到危险习惯潜水隐藏，常单独或成对活动，偶尔结小群，性机警，多数远离岸边活动；食鱼类，也食软体动物和蛙类。

【居留状况】相对广布但不常见。繁殖于东北和华北，迁徙或越冬于华北、西北、华东、华南以及西南的四川，可能繁殖于新疆。长岛域内偶见。

【保护状况】LC(无危)；国家二级保护野生动物。

顾晓军 / 摄

顾晓军 / 摄

顾晓军 / 摄

凤头鸊鷉　　鸊鷉目｜鸊鷉科

【学　　名】*Podiceps cristatus*
【英 文 名】Great Crested Grebe
【别　　名】冠鸊鷉、凤头王八鸭子
【形态特征】中型游禽，体长 45~51 厘米。外形优雅，颈修长，具明显的深色羽冠，上体灰褐色，下体近白色。繁殖期成鸟颈背栗色，颈具鬃毛状饰羽，脸侧白色延伸过眼，嘴长，嘴红褐色；非繁殖期嘴黄色。虹膜红色，脚灰黑色。
【生态习性】冬候鸟（部分留鸟）；栖息于低山和平原地带的水域，极善潜水；以鱼类、水生昆虫、水生植物为食；繁殖期 5~7 月，具有特征性求偶炫耀行为，水面浮巢，窝卵数 4~5 枚，双亲育雏，雏鸟早成。
【居留状况】除海南省外全国各地均有记录。在北方繁殖，南方越冬。在长岛南长山岛王沟水库中有繁衍的记录。
【保护状况】LC(无危)。

张明 / 摄

角䴙䴘　　鸊鷉目｜鸊鷉科

【学　　名】*Podiceps auritus*

【英 文 名】Horned Grebe

【别　　名】角鸊鷉、王八鸭子

【形态特征】中型游禽，体长 31~39 厘米，雌雄酷似。繁殖期头顶至背黑色，从嘴基到枕后具似角状橙黄色羽冠，与黑色头型对比延伸至脑后。前颈及两胁深栗色，上体多黑色。冬羽黑色头冠延伸到眼下，上体暗灰褐色，前颈灰色，颊、喉及下体白色。虹膜红色；嘴黑色，端部米黄色；脚灰黑色。

【生态习性】旅鸟；冬季成小群活动于近海水面、河口、鱼塘、沼泽地带；善游泳和潜水；以鱼类、水生昆虫、软体动物等为食。

【居留状况】繁殖于西北地区，迁徙经过东北、华北，越冬于长江中下游及以南地区。长岛域内偶见。

【保护状况】VU(易危)；国家二级保护野生动物。

王小平 / 摄

黑颈鸊鷉 鸊鷉目 | 鸊鷉科

【学　　名】 *Podiceps nigricollis*
【英 文 名】 Black-necked Grebe
【别　　名】 黑水葫芦
【形态特征】 中型游禽，体长 25~35 厘米。繁殖期上体黑色，头部具黑色羽冠，眼后具金黄色耳簇羽，胁部红褐色；非繁殖期头部无饰羽。虹膜红色；嘴黑色，略上翘；脚灰黑色。
【生态习性】 旅鸟；成小群栖息于溪流、湖泊、沼泽和苇塘等水域；善潜水；以水生植物、水生昆虫为食。
【居留状况】 见于中国除海南省和青藏高原腹地外大部分地区，繁殖于东北、西北地区，迁徙经华北地区，越冬于秦岭—淮河以南。地方性常见或局部常见。长岛域内偶见。
【保护状况】 LC(无危)；国家二级保护野生动物。

鹈形目

　　鹈形目鸟类雌雄形态相似，主要食鱼、虾、昆虫及其他小动物。有些种类具有大型喉囊，用于过滤食物。鹈形目鸟类栖息于内陆的河流、湖泊地区和沿海地带，也见于海洋中的岛屿上。常集群活动，有一些种类群体营巢。广泛分布于全世界各大洲和各大洋。

顾晓军 / 摄

白琵鹭 鹈形目｜鹮科

【学　　名】*Platalea leucorodia*

【英 文 名】Eurasian Spoonbill

【别　　名】琵鹭、琵琶鹭、匙嘴鹭

【形态特征】大型涉禽，体长 80~95 厘米。成鸟头枕部具长饰羽，颈下部橘黄色；亚成鸟无头饰羽，全身白色。嘴宽、扁、长，前端宽呈琵琶形。虹膜暗黄色；嘴黑色且具不明显的黄色前端；脚黑色。

【生态习性】旅鸟；栖息于河流、湖泊、水库岸边及其浅水处；主要以鱼类、两爬类和其他水生无脊椎动物为食。

【居留状况】广泛分布于全国各地。繁殖于东北和西北，迁徙经华北、西北和西南，越冬于长江流域及以南地区。春秋两季有个体迁徙途径长岛。

【保护状况】LC(无危)；国家二级保护野生动物。

【拍摄时间、地点】2021 年 10 月 28 日 14:48，拍摄于长岛的南长山岛。

顾晓军 / 摄

顾晓军 / 摄

黑脸琵鹭　　鹈形目｜鹮科

【学　　名】*Platalea minor*
【英 文 名】Black-faced Spoonbill
【别　　名】黑面琵鹭
【形态特征】中型涉禽，体长 60~79 厘米。通体白色。成鸟头部具明显淡黄色羽冠，眼先具黄色斑，颈下部淡柠檬色，脸部黑色；亚成鸟全身白色且无黄色饰羽。虹膜鲜红色；嘴、脚黑色。
【生态习性】旅鸟；主要活动于沿海滩涂、鱼虾塘，亦见于淡水湖泊、沼泽、池塘和稻田。国内主要繁殖于辽东半岛东侧近海小岛上，越冬于东南沿海地区，包括海南、香港、台湾。
【居留状况】繁殖于辽宁沿海岛屿，迁徙经东部沿海和长江中下游，越冬于东南沿海。长岛域内偶见。
【保护状况】EN(濒危)；国家一级保护野生动物。

顾晓军 / 摄

大麻鳽　　鹈形目 | 鹭科

【学　　名】*Botaurus stellaris*

【英 文 名】Great Bittern

【别　　名】水骆驼

【形态特征】中型涉禽，体长64~78厘米。体形粗壮，通体黄褐色且具黑色条纹，头顶黑色，具黑色髭纹，下体色浅，具黑褐色纵纹。虹膜黄色；嘴黄褐色；脚黄绿色。

【生态习性】夏候鸟；栖息于河流、湖泊、池塘边芦苇丛、草丛和灌丛；性隐蔽，常待立隐蔽处纹丝不动，头颈、嘴垂直向上；主要以鱼、虾、蛙、蟹、螺、水生昆虫等为食；繁殖期5~7月，芦苇、灌丛盘状巢，窝卵数4~6枚，异步孵化，雌性共同孵卵育雏，雏鸟晚成。

【居留状况】除青藏高原腹地外，全国广布。长岛域内偶见。

【保护状况】LC(无危)。

顾晓军 / 摄

黄斑苇鳽　　鹈形目｜鹭科

【学　　名】*Ixobrychus sinensis*

【英 文 名】Yellow Bittern

【别　　名】水骆驼、苇漂

【形态特征】小型涉禽，体长 30~40 厘米。成鸟顶冠黑色，上体淡黄褐色，下体皮黄色，黑色飞羽与皮黄色的覆羽对比明显，眼周裸皮黄绿色。亚成鸟似成鸟但褐色较浓，全身满布纵纹，两翼及尾黑色。雄鸟头顶、飞羽和尾部黑色，其余上体黄褐色。虹膜黄色；嘴绿褐色；脚黄绿色。雌鸟似雄鸟，但头顶为栗褐色，具黑色纵纹。

【生态习性】夏候鸟；喜生活于芦苇湖泊、河流、水库、沼泽、稻田等湿地；性甚机警，常静立于芦苇秆上伸直头颈观察动静，危险迫近时即刻起飞；以鱼、虾、蛙、水生昆虫等为食；繁殖期 5~7 月，芦苇丛营巢，窝卵数 4~6 枚，异步孵化，雏鸟晚成。

【居留状况】除新疆、青海、西藏外，广泛见于全国各地。在大部分地区为夏候鸟，在华南地区为冬候鸟或留鸟，普遍易见。长岛域内偶见。

【保护状况】LC(无危)。

丰淑亮 / 摄

栗苇鳱　　鹈形目 | 鹭科

【学　　名】*Ixobrychus cinnamomeus*

【英 文 名】Cinnamon Bittern

【别　　名】葭鳱、小水骆驼、独春鸟、栗小鹭、红小水骆驼、黄鹤、红鹭鸶

【形态特征】体长 40~41 厘米，体形略小的橙褐色苇鳱。成年雄鸟顶冠栗色，上体栗色，下体黄褐色，具黑色喉线，无黑色肩羽；雌鸟色暗，褐色较浓。虹膜黄色，基部裸露皮肤橘黄色；嘴黄色；脚绿色。

【生态习性】夏候鸟；栖息于河流、池塘附近芦苇、草丛；单独活动，性机警，很少飞行；营巢于芦苇丛，窝卵数 3~8 枚。

【居留状况】分布于北起东北南部，向西南至云南西部以东的广大地区，多为夏候鸟；在云南南部、广东、广西、海南、台湾为留鸟或冬候鸟。长岛域内偶见。

【保护状况】LC(无危)。

王小平／摄

紫背苇鳽　　鹈形目│鹭科

【学　　名】*Ixobrychus eurhythmus*

【英 文 名】Von Schrenck's Bittern

【别　　名】秋鳽、黄鳝公、秋小鹭、紫小水骆驼

【形态特征】小型涉禽，体长33~42厘米。雄鸟头顶暗褐色，从喉至胸具栗褐色纵纹，上体紫褐色，下体皮黄色；雌鸟上体具白色及褐色斑点，下体具纵纹。虹膜黄色；嘴黄绿色；脚绿色。

【生态习性】夏候鸟；栖息于湖泊、沼泽、河流两岸芦苇草丛或林间湿地；单独活动，性隐蔽；主要以鱼类、蛙类和水生昆虫为食；营巢于芦苇丛，窝卵数4~6枚。

【居留状况】基本分布于胡焕庸线以东地区，多为夏候鸟，在海南和云南南部为留鸟或冬候鸟，宁夏、台湾有迷鸟记录。长岛域内不易见。

【保护状况】LC(无危)。

顾晓军 / 摄

顾晓军 / 摄

顾晓军 / 摄

夜 鹭　　鹈形目｜鹭科

【学　　名】*Nycticorax nycticorax*
【英 文 名】Black-crowned Night Heron
【别　　名】夜娃子
【形态特征】中型涉禽，体长 58~65 厘米。头大而喙粗壮尖直；夏羽枕后具两枚细长白色冠羽。头顶、背黑而具蓝绿色金属光泽，翅及尾羽灰色；下体白色；余部灰白色；虹膜红色，嘴黑色，脚污黄色。
【生态习性】夏候鸟；栖息于平原和低山丘陵地区溪流、水塘、江河、沼泽和水田；夜行性；主要以鱼、虾、水生昆虫等为食；繁殖期 4~7 月，常与白鹭、牛背鹭、池鹭等混群繁殖，窝卵数 3~5 枚，异步孵化，双亲轮流孵化育雏，雏鸟晚成。
【居留状况】除西藏西部之外，遍及全国。在东北、西北为繁殖鸟，在华北及以南各地为繁殖鸟、留鸟或冬候鸟。长岛域内易见。
【保护状况】LC(无危)。

顾晓军 / 摄

绿 鹭　鹈形目 | 鹭科

【学　　名】*Butorides striata*

【英 文 名】Striated Heron

【别　　名】鹭丝、打鱼郎

【形态特征】中型涉禽，体长35~48厘米。嘴长而尖，颈短，体较粗胖，尾短；额、头顶、枕和眼下纹绿黑色；头顶具黑色羽冠，有绿色光泽；羽冠从头顶延伸至枕下部，其中最后一根羽毛特长；上背灰褐色，翅和尾黑褐色，翅覆羽绿色，后颈和胸侧淡灰白色，下体白色。虹膜黄色；嘴黑色；脚绿色。

【生态习性】夏候鸟；栖息于山区河流、水库、沼泽等水草茂盛之处；性孤僻；常单独长时间站立于水边石头上伺机捕捉鱼类、蛙类、昆虫等；繁殖期5~6月，营巢于树冠，窝卵数3~5枚，雌雄轮流孵化，雏鸟晚成。

【居留状况】繁殖于东北、西北和华北地区，在华东和华南为留鸟或冬候鸟。长岛域内有零星分布。

【保护状况】LC(无危)。

顾晓军 / 摄

顾晓军 / 摄

池鹭 鹈形目 │ 鹭科

【学　　名】*Ardeola bacchus*

【英　文　名】Chinese Pond Heron

【别　　名】沙鹭、花洼子、红毛鹭、半红头

【形态特征】中型涉禽，体长 42~52 厘米。繁殖期头、颈、胸栗色，头具冠羽，背部具长的紫蓝色蓑羽，余部白色；非繁殖期无饰羽，头、颈具黄褐色纵纹，背部褐色。虹膜黄色；嘴黄色且具黑褐色前端；脚绿色。

【生态习性】夏候鸟；栖息于稻田或其他漫水地带；单只或 3~5 只结小群在水田或沼泽地中觅食，不甚惧人；食性以鱼类、蛙、昆虫为主；繁殖期 3~6 月，在乔木或竹林营巢，常与其他鹭科鸟类混群，窝卵数 3~5 枚，雌雄轮流孵化，雏鸟晚成。

【居留状况】除东北北部和青藏高原外，几乎遍及全国。在东部非常常见，在西部偶见或罕见，越冬于长江以南地区。在长岛各岛屿中均有分布。

【保护状况】LC(无危)。

顾晓军 / 摄

顾晓军 / 摄

牛背鹭　　鹈形目 | 鹭科

【学　　名】*Bubulcus coromandus*

【英 文 名】Eastern Cattle Egret

【别　　名】黄头鹭、黄毛鹭

【形态特征】中型游禽，体长 46~53 厘米。眼先、眼周裸皮黄色。非繁殖期全身白色；繁殖期头、颈、上胸和背部具橙色或黄色饰羽。虹膜黄色；嘴黄而粗；腿上部黄色、下部黑色；脚黑色。

【生态习性】夏候鸟；栖息于湖泊、水库、水田、沼泽地；常成对或 3~5 只随耕牛活动，时常停歇于牛背上觅食寄生虫；以昆虫为主要食物；繁殖期 4~7 月，与其他鹭类混群营巢于树林或竹林，窝卵数 4~9 枚，雌雄轮流孵化，雏鸟晚成。

【居留状况】广布于我国各地。在长江以南多为留鸟，长江以北为夏候鸟。长岛域内有零星分布。

【保护状况】NR(未认可)。

顾晓军 / 摄

草 鹭　鹈形目｜鹭科

【学　　名】*Ardea purpurea*

【英 文 名】Purple Heron

【别　　名】紫鹭、灰桩

【形态特征】大型涉禽，体长84~97厘米。繁殖期头顶蓝黑色，颈细长，枕部有两枚黑灰色辫状饰羽，颈部栗色，两侧具蓝黑色纵纹，前颈下部具银灰色的矛状饰羽，上体蓝灰色，两侧暗褐色。虹膜黄色；嘴褐色；脚红褐色。

【生态习性】夏候鸟；喜欢稻田、芦苇丛、湖泊等湿地环境；性孤僻，常单独在水边伺机捕获猎物；飞行振翅缓慢；多以水生动物、昆虫为食；繁殖期4~5月，常30~40对结群繁殖或与苍鹭及其他鸟类混群，窝卵数3~5枚。

【居留状况】在东北、华北、华东和华中地区为夏候鸟，在华南地区为留鸟或冬候鸟。长岛域内偶见。

【保护状况】LC(无危)。

顾晓军 / 摄

苍 鹭　鹈形目｜鹭科

【学　　名】*Ardea cinerea*

【英 文 名】Grey Heron

【别　　名】青桩、老等、灰鹭

【形态特征】大型涉禽，体长92~99厘米。全身青灰色，前额和羽冠白色，枕冠黑色，枕部具两条黑色冠羽若辫子，肩羽亦较长，头侧和颈部灰白色，喉下颈部羽毛长如矛状，特别是繁殖期更加明显，中央有一黑色纵纹延伸至胸部，其间有黑色条纹或斑点。虹膜黄色；嘴黄色，繁殖期沾染粉红色；眼先裸皮繁殖期蓝色；脚黑色。

【生态习性】留鸟；栖息于草滩、江畔河岸、沼泽草丛、湖泊及水库浅水处；性孤僻，长久静立水边捕食鱼类、蛙类和昆虫；繁殖期3~6月，集群营巢于树冠或者芦苇、草丛，窝卵数3~6枚，异步孵卵育雏，雌雄轮流孵卵育雏，雏鸟晚成。

【居留状况】全国分布，较常见。在北方为夏候鸟，在西南和华东、华中地区为旅鸟或留鸟，在华南地区为冬候鸟。长岛域内常见。

【保护状况】LC(无危)。

顾晓军 / 摄

大白鹭　　鹈形目 ｜ 鹭科

【学　　名】*Ardea alba*

【英 文 名】Great Egret

【别　　名】白老鹳、白桩

【形态特征】大型涉禽，体长 90~98 厘米。全身洁白，繁殖期背部蓑羽长而发达，如细丝，眼先裸皮青蓝色，嘴黑色；非繁殖期背部蓑羽褪去，眼先裸皮青蓝色消失，嘴变为黄色，仅端部黑色，嘴裂超过眼睛。虹膜黄色；脚黑色。

【生态习性】夏候鸟；栖息于沿海和内陆各种湿地；成群迁徙与越冬；站姿高直；从上至下刺穿捕获猎物，主要以鱼、蛙、软体动物、甲壳动物、水生昆虫等为食；繁殖期 4~7 月，集群营巢于高大乔木，窝卵数 3~6 枚，异步孵化，雏鸟晚成。

【居留状况】繁殖于全国大部分地区，迁徙经华北、华东、华中和西南地区，越冬于华南地区。长岛域内常见。

【保护状况】LC(无危)。

丰淑亮 / 摄

中白鹭　　鹈形目 | 鹭科

【学　　名】*Ardea intermedia*

【英 文 名】Intermediate Egret

【别　　名】春锄、白鹭

【形态特征】中型涉禽，体长 62~70 厘米。全身白色，眼先黄色，脚和趾黑色。繁殖期背和前颈下部有长的披针形饰羽，嘴黑色；非繁殖期背和前颈无饰羽，嘴黄色，先端黑色。虹膜黄色。

【生态习性】夏候鸟；喜稻田、湖畔、沼泽地；主要以小鱼、虾、蛙类及昆虫等为食；繁殖期 4~6 月，与其他水鸟混群营巢，窝卵数 2~4 枚，雌雄轮流孵化，雏鸟晚成。

【居留状况】主要繁殖于长江以南地区，越冬于广东、海南和台湾等地。长岛域内偶见。

【保护状况】LC(无危)。

顾晓军 / 摄

顾晓军 / 摄

白 鹭　鹈形目 | 鹭科

【学　　名】*Egretta garzetta*
【英 文 名】Little Egret
【别　　名】小白鹭、白鹤
【形态特征】中型涉禽，体长 55~68 厘米。通体白色，眼先黄绿色。繁殖期眼先淡粉色，枕部具 2~3 条细长辫状饰羽，前颈、背部具长蓑羽。虹膜黄色；嘴、腿黑色；脚黄色。非繁殖期饰羽消失。

【生态习性】留鸟；栖息于各类湿地，喜稻田、河岸、沙滩及沿海小溪流等水域；性群栖，常与大白鹭、白琵鹭混群捕食鱼类；与苍鹭、夜鹭等混群繁殖，繁殖期 3~9 月，窝卵数 4~5 枚。

【居留状况】全国广布。长岛域内常见。

【保护状况】LC(无危)。

顾晓军 / 摄

黄嘴白鹭　鹈形目｜鹭科

【学　　名】*Egretta eulophotes*

【英 文 名】Chinese Egret

【别　　名】唐白鹭、白老

【形态特征】中型涉禽，体长 65~68 厘米。全身白色，繁殖期嘴橙黄色，眼先蓝色，枕部具长冠羽，胸、背具蓑羽；非繁殖期羽似白鹭，嘴黄色，眼先淡蓝色，无饰羽。虹膜黄褐色；脚黄绿色。

【生态习性】夏候鸟；栖息于海岸峭壁树丛、潮间带、盐田以及内陆树林；以鱼、虾和蛙等为食；繁殖期 5~7 月，常与池鹭、夜鹭、牛背鹭混群繁殖，窝卵数 2~5 枚。

【居留状况】繁殖于辽东半岛、胶东半岛、浙江和福建的沿海岛屿；少量越冬于华南沿海地区；迁徙时经过东部沿海地区。长岛高山岛是黄嘴白鹭的重要繁殖地。

【保护状况】VU(易危)；国家一级保护野生动物。

黄嘴白鹭

在长岛高山岛西侧的陡坡上，生长着茂密的灌木，黄嘴白鹭每年 5~7 月在此地筑巢哺育后代。2020 年 7 月生态考察统计显示，约有160 巢黄嘴白鹭在此孵化。

顾晓军 / 摄

03

中国长岛
鸟类图鉴

鹳形目

　　鹳形目与鹳形目均属大型涉禽，外形及生活习性也相近。前者后趾发育，能栖树握枝，在树上、草丛中或岩缝、屋顶上以树枝及草茎编巢，巢形粗糙；脚长且十分粗壮，雌雄形态相似。鹳形目主要栖息于江河、湖泊、溪流的浅滩、沼泽地带和田野，以鱼、虾、昆虫及其他小动物为主要食物，广泛分布于世界各地。鹳形目的主要类群为鹳科。

顾晓军 / 摄

黑 鹳 鹳形目 | 鹳科

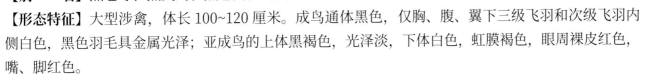

刘毅 / 摄

【学　　名】*Ciconia nigra*

【英 文 名】Black Stork

【别　　名】黑老等、黑灵鸡、黑老鹳、乌鹳

【形态特征】大型涉禽，体长 100~120 厘米。成鸟通体黑色，仅胸、腹、翼下三级飞羽和次级飞羽内侧白色，黑色羽毛具金属光泽；亚成鸟的上体黑褐色，光泽淡，下体白色，虹膜褐色，眼周裸皮红色，嘴、脚红色。

【生态习性】夏候鸟；栖息于河流沿岸、沼泽山区溪流附近；越冬季节成群活动于开阔沼泽、鱼塘和近水农田；主要以鱼类（如鲫鱼和条鳅）等为食；繁殖期 4~7 月，营巢于悬崖中上部壁龛，窝卵数 3~5 枚，异步孵化，雌雄轮流孵卵育雏，雏鸟晚成。

【居留状况】分布于除西藏外的我国大部分地区。于东北、华北和西北繁殖，在长江流域、西南高原湖泊越冬，不常见，但在集中繁殖或越冬区较易见。春秋迁徙季节在长岛域内偶见。

【保护状况】LC(无危)；国家一级保护野生动物。

顾晓军 / 摄

顾晓军 / 摄

顾晓军 / 摄

东方白鹳　　鹳形目 | 鹳科

【学　　名】*Ciconia boyciana*

【英 文 名】Oriental Stork

【别　　名】水老鹳、白鹳

【形态特征】大型涉禽，体长 110~115 厘米。嘴长而粗壮，往尖端逐渐变细，微上翘。眼周、喉部裸露皮肤朱红色，体羽乳白色，飞羽黑色。大覆羽、初级覆羽、初级飞羽和次级飞羽均为黑色，并具紫绿色光泽。初级飞羽的基部为白色。虹膜银白色；嘴灰黑色；脚鲜红色。幼鸟似成鸟，金属光泽弱。

【生态习性】旅鸟；栖息地一般远离居民点，觅食于开阔河道、湖泊以及水稻田；繁殖季节常成对活动，迁徙、越冬季可成大群；主要以鱼类为食。

【居留状况】罕见或区域性常见。我国东部、东北、华北有繁殖记录，最南可至长江流域，越冬于长江流域，偶至西南、华南和台湾地区。夏秋两季在长岛域内常见。

【保护状况】EN(濒危)；国家一级保护野生动物。

东方白鹳

在 2019 年 5 月的鸟类调查中发现，长岛北隍城岛有大量东方白鹳迁徙，并有北隍城岛夜宿的行为，最多一次目测东方白鹳种群数量为 38 只。

顾晓军 / 摄

04

中国长岛
鸟类图鉴

雁形目

　　雁形目鸟类为常见水禽，嘴多为扁平状，趾间具蹼，善游泳，栖息于各种水域，有时亦居于近水区域。

　　雁形目鸟类常在田野、湖泊及河流的缓流浅滩地带活动取食，主要以水草、藻类等植物性食物为主，也吃昆虫、贝类、鱼类等动物性食物。雁形目鸟类大多有迁徙习性，国内大多数种类为候鸟，部分在内陆湖泊中繁殖。除南极外，雁形目鸟类广泛分布于世界各地。

顾晓军 / 摄

顾晓军 / 摄

鸿 雁　　雁形目 | 鸭科

【学　　名】*Anser cygnoides*

【英 文 名】Swan Goose

【别　　名】原鹅、随鹅、奇鹅、黑嘴雁、沙雁、草雁

【形态特征】大型游禽，体长 80~94 厘米，雌雄酷似。体大颈长，嘴亦长，于前额成一直线，具狭窄白线环绕嘴基。上体灰褐色，羽缘皮黄色，前颈白色，头顶及颈部红褐色，前后颈间具明显界线。胁部具褐横斑，飞羽黑色，臂近白色。虹膜褐色；嘴黑色；脚粉红色。

【生态习性】旅鸟；迁飞时喜鸣叫，队形呈"一"字形或"人"字形；成群栖息于湖泊，喜在近水农田觅食农作物。

【居留状况】繁殖于我国东北和内蒙古中东部，迁徙时经过我国东部、中部大部分地区，较常见。在新疆为罕见旅鸟，越冬于长江中下游及东南沿海地区。长岛域内比较常见。

【保护状况】VU(易危)；国家二级保护野生动物。

徐永春 / 摄

灰 雁　雁形目｜鸭科

【学　　名】*Anser anser*

【英 文 名】Greylag Goose

【别　　名】大雁、沙鹅、灰腰雁、红嘴雁、沙雁、黄嘴灰鹅

【形态特征】大型雁类，体长76~89厘米。雌雄酷似，通体灰褐色，上体灰色，胸浅褐色，尾下覆羽白色，颈和背羽深褐色，羽缘灰白色。虹膜褐色；嘴基无白色；嘴、脚粉红色。

【生态习性】旅鸟；成小群栖息于开阔沼泽、湖泊；性机警；喜在农田、草地觅食，植食性。

【居留状况】繁殖于我国东北及西北，迁徙时经过我国大部分地区，越冬于华北、长江中下游、云贵高原和华南地区，适宜生境易见。长岛域内偶见。

【保护状况】LC(无危)。

王小平 / 摄

豆 雁　　雁形目｜鸭科

【学　　名】 *Anser fabalis*

【英 文 名】 Taiga Bean Goose

【别　　名】 大雁、麦鹅

【形态特征】 大型雁类，体长 70~89 厘米。雌雄酷似，头、颈深褐色，肩、背灰褐色，具淡黄白色羽缘。翅上覆羽和三级飞羽灰褐色；初级覆羽黑褐色，初级和次级飞羽黑褐色，最外侧几枚飞羽外翈灰色，尾黑褐色，具白色端斑。虹膜褐色；嘴黑色具橘黄色次端斑；脚橙黄色。

【生态习性】 旅鸟；迁飞时喜鸣叫，队形呈"一"字形或"人"字形并时常变换；成群栖息于开阔湖泊、沼泽、海岸和农田，也在地面排队缓步行走；性机警；植食性。

【居留状况】 遍及全国各地。长岛域内比较常见。

【保护状况】 LC(无危)。

顾晓军 / 摄

白额雁　雁形目 | 鸭科

【学　　名】*Anser albifrons*

【英 文 名】Greater White-fronted Goose

【别　　名】大雁、花斑雁、明斑雁

【形态特征】大型雁类，体长 70~86 厘米。雌雄酷似，头、颈和背羽深褐色，羽缘灰白色，前额白色。胸腹部棕灰色，分布有不规则黑斑。幼鸟无横斑，嘴基亦无白纹。虹膜深褐色；嘴粉红色，基部黄色；脚橘黄色。

【生态习性】旅鸟或冬候鸟；队形呈"一"字形或"人"字形迁飞；成大群活动于开阔湖泊、沼泽、海滨和农田，常与豆雁、鸿雁混群；性怯；植食性。

【居留状况】迁徙时经过我国东部各省，越冬于长江中下游及东南沿海，不罕见，西南地区、台湾地区偶有记录。长岛域内偶见。

【保护状况】LC(无危)；国家二级保护野生动物。

陈加盛 / 摄

小白额雁　　雁形目｜鸭科

【学　　名】*Anser erythropus*
【英 文 名】Lesser White-fronted Goose
【别　　名】弱雁
【形态特征】中型雁类，体长 56~66 厘米，体形较白额雁小。嘴、颈较短，嘴周围白色斑块延伸至额部，眼圈黄色，腹部具近黑色斑块，环嘴基有白斑。喙扁平，边缘锯齿状。虹膜深褐色；嘴粉红色；脚橘黄色。
【生态习性】冬候鸟；栖息于开阔的湖泊、江河等以及开阔的平原和半干旱性草原等地；植食性，主要在陆地上觅食；繁殖期 6~7 月，窝卵数 4~7 枚。
【居留状况】繁殖于新疆北部，迁徙时经过新疆大部，罕见。东部种群迁徙经过我国东部地区，越冬于长江中下游和华南地区，普通罕见，少数越冬地较为集中。长岛域内偶见。
【保护状况】VU(易危)；国家二级保护野生动物。

顾晓军 / 摄

斑头雁　　雁形目｜鸭科

【学　　名】*Anser indicus*

【英 文 名】Bar-headed Goose

【别　　名】白头雁

【形态特征】中型雁类，体长 62~85 厘米。通体灰褐色，头部白色沿颈侧延伸至颈基部，眼后、枕部各具一黑色横纹，羽端具棕色鳞状斑。虹膜暗棕色；嘴橙黄色；脚和趾橙黄色。

【生态习性】旅鸟；栖息于低地湖泊、河流和沼泽等地；植食性为主，兼食小型无脊椎动物；4 月中旬至 4 月末产卵，窝卵数 2~10 枚。

【居留状况】繁殖于青藏高原及天山一带，冬季常见于云贵高原、西藏南部湿地中，也偶见于长江中下游湿地中，华北地区有迷鸟记录。长岛域内偶见。

【保护状况】LC(无危)。

顾晓军 / 摄

顾晓军 / 摄

黑 雁　　雁形目｜鸭科

【学　　名】*Branta bernicla*
【英 文 名】Brant Goose
【别　　名】黑鹅
【形态特征】中型雁类，体长 55~66 厘米。全身深灰色，尾下覆羽白色。颈部灰色，两侧具显著的白色斑点，有时在前颈形成半领。两胁具白色条纹。雏鸟颈部无白斑，但翅上多白色横纹。虹膜褐色；嘴黑色；脚黑色。
【生态习性】旅鸟或冬候鸟；栖息于海湾、河口；涨潮时停歇于沿海港湾，不与其他雁鸭类混群；鸣声高亢嘈杂；植食性，冬季偶食农作物（麦苗等）。
【居留状况】罕见，可能越冬于渤海和黄海沿岸，北京、河北、内蒙古、陕西、辽宁、长江中下游地区、华东、华南沿海地区、台湾均有迷鸟记录。长岛域内罕见。
【保护状况】LC(无危)。

顾晓军 / 摄

疣鼻天鹅　　雁形目｜鸭科

顾晓军 / 摄

【学　　名】*Cygnus olor*

【英 文 名】Mute Swan

【别　　名】瘤鼻天鹅、哑音天鹅、赤嘴天鹅、瘤鹄、亮天鹅、丹鹄

【形态特征】大型游禽，体长125~160厘米。全身洁白，嘴赤红色，嘴基黑色，前额具有黑色疣状突。游泳时，翅常隆起，颈呈优美的弯曲姿势。尾较长而尖，飞翔时不鸣叫，两翅振动有声。幼鸟体色绒灰或污白，嘴灰紫色。虹膜褐色；脚黑色。

【生态习性】旅鸟；飞翔振翅缓慢有力；成群栖息于开阔湖泊、河流、海滨和沼泽；性机警；植食性。

【居留状况】繁殖于西北地区的中部和北部、青藏高原东缘、东北西部，迁徙经东北、华北地区，越冬于黄海沿岸、青海湖。迷鸟见于台湾。长岛域内偶见。

【保护状况】LC(无危)；国家二级保护野生动物。

路客 / 摄

路客 / 摄

小天鹅 雁形目 | 鸭科

【学　　名】*Cygnus columbianus*
【英 文 名】Tundra Swan
【别　　名】短嘴天鹅、白鹅、食鹅
【形态特征】大型游禽，体长 115~150 厘米。体形似大天鹅，但略小，雌雄酷似。成鸟通体雪白；亚成鸟灰白色。虹膜褐色；嘴黑色，基部黄斑小，不过鼻孔；脚黑色。
【生态习性】冬候鸟；迁飞队形呈"人"字形；栖息于开阔湖泊、沼泽、水流缓慢的河流和邻近苔原的低地、沼泽地；常与大天鹅混群；植食性为主。
【居留状况】迁徙时经过西北、东北及华北地区，越冬于长江中下游地区和东南地区，西南、华南偶有记录。长岛域内偶见。
【保护状况】LC(无危)；国家二级保护野生动物。

顾晓军 / 摄

顾晓军 / 摄

顾晓军 / 摄

大天鹅　雁形目｜鸭科

【学　　名】*Cygnus cygnus*

【英 文 名】Whooper Swan

【别　　名】黄嘴天鹅、天鹅、大白鹅、白天鹅

【形态特征】大型游禽，体长140~160厘米。雌雄酷似，但雌鸟体形略小。成鸟通体雪白；亚成鸟灰白色，比小天鹅稍大。虹膜褐色；嘴黑色，基部具大片黄斑过鼻孔；脚黑色。

【生态习性】旅鸟；习性与小天鹅和疣鼻天鹅类似。

【居留状况】繁殖于西北北部、东北北部，迁徙经西北和华北地区，越冬于黄河流域至长江中下游之间地带，偶至东部沿海地区。长岛域内比较常见。

【保护状况】LC(无危)；国家二级保护野生动物。

刘毅 / 摄

翘鼻麻鸭 雁形目 | 鸭科

【学　　名】 *Tadorna tadorna*
【英 文 名】 Common Shelduck
【别　　名】 翘鼻鸭
【形态特征】 大型鸭类，体长 55~65 厘米。头、颈部黑绿色，胸部具栗色横带。飞羽、腹部中央、尾羽尖端均为黑色。雄鸟额前至嘴基隆起鲜红色肉瘤，雌鸟额部无凸起。虹膜褐色；嘴、脚红色。
【生态习性】 冬候鸟；栖息于江河、湖泊、海滨及其附近沼泽、沙滩等地；以小型动物性食物为主，兼食植物性食物。
【居留状况】 除青藏高原和海南外，分布遍及全国。繁殖于东北、西北、华北地区，东部、长江中下游均有越冬记录，较易见。长岛域内比较常见。
【保护状况】 LC(无危)。

顾晓军 / 摄

赤麻鸭　　雁形目｜鸭科

【学　　名】*Tadorna ferruginea*

【英 文 名】Ruddy Shelduck

【别　　名】黄鸭

【形态特征】大型鸭类，体长 58~70 厘米。雌雄酷似，通体栗黄色，头顶白色染黄色。雄鸟颈部具狭窄黑色颈环。飞行时白色的翅上覆羽及铜绿色飞羽对比明显。虹膜黑褐色；嘴、脚黑色。

【生态习性】旅鸟或冬候鸟；栖息于开阔草原、湖泊、农田等环境；以各种谷物、昆虫、甲壳动物、蛙、虾、水生植物为食。

【居留状况】除海南外，遍及全国，普遍易见。长岛域内常见。

【保护状况】LC(无危)。

鸳鸯　　雁形目｜鸭科

【学　　名】*Aix galericulata*
【英 文 名】Mandarin Duck
【别　　名】匹鸭、官鸭
【形态特征】中型鸭类，体长 41~51 厘米。雄鸟繁殖羽色彩艳丽，具醒目白色眉纹、闪耀的红色颈侧饰羽及鲜明的橘红色翼帆；雌鸟通体灰色，眼后具明显的白色过眼纹。虹膜褐色；雄鸟嘴红色，雌鸟嘴灰色；脚橘黄色。

【生态习性】冬候鸟；主要栖息于林间清澈溪流、湖泊、水库等；杂食性。

【居留状况】繁殖于长江以北的中东部大部分地区以及西南地区，越冬于华北及长江流域、华南、西南地区。在台湾地区为留鸟。在北京、杭州等城市园林水域中非常常见，其他分布区易见或偶见。长岛域内偶见。

【保护状况】LC(无危)；国家二级保护野生动物。

顾晓军 / 摄

顾晓军 / 摄

赤膀鸭　　雁形目｜鸭科

【学　　名】*Mareca strepera*
【英 文 名】Gadwall
【别　　名】青边子、小棕头鸭
【形态特征】中型鸭类，体长 45~57 厘米。雄鸟通体灰色并密布蠕虫状白色细纹，翼上中部具棕红色块斑，翼镜白色，尾部黑色。雌鸟通体黑褐色且具黄褐色点斑，两胁具鳞状斑，似绿头鸭雌鸟，但翼镜白色且体形较小，腹部白色。虹膜褐色；雄鸟嘴黑色，雌鸟嘴侧面橙褐色；脚橙色。

臧红专 / 摄

【生态习性】旅鸟或冬候鸟；栖息于江河、湖泊、海滨、沼泽等水域；食性以水生植物为主。

【居留状况】全国性常见。繁殖于东北北部及新疆西部，越冬于西藏（南部）、云南、贵州、四川及长江中下游和东南沿海，包括海南和台湾，迁徙时经过新疆、青海、内蒙古和华北地区。长岛域内偶见。

【保护状况】LC(无危)。

顾晓军 / 摄

丰淑亮 / 摄

罗纹鸭　　雁形目｜鸭科

【学　　名】*Mareca falcata*

【英 文 名】Falcated Duck

【别　　名】镰刀鸭

【形态特征】中型鸭类，体长 46~54 厘米。繁殖期雄鸟大体灰色，头顶栗色，头侧闪绿，额基具白斑，黑白色的三级飞羽长而向下弯曲，胸、胁密布黑白色细纹。雌鸟深棕色，似赤膀鸭而头圆，翼镜墨绿。虹膜褐色；嘴黑色；脚灰黑色。

【生态习性】旅鸟；主要栖息于江河、湖泊、河湾、河口及其沼泽地带；植食性为主，也吃小型水生无脊椎动物。

【居留状况】全国性常见。但近十年越冬种群数量下降。繁殖于黑龙江和吉林，越冬于东部、长江中下游及东南沿海各地，包括海南和台湾。长岛域内较常见。

【保护状况】NT(近危)。

顾晓军 / 摄

赤颈鸭　　雁形目｜鸭科

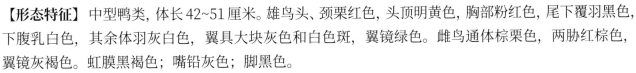

刘毅 / 摄

【学　　名】*Mareca penelope*

【英 文 名】Eurasian Wigeon

【别　　名】红鸭、赤颈凫、鹅子鸭

【形态特征】中型鸭类，体长42~51厘米。雄鸟头、颈栗红色，头顶明黄色，胸部粉红色，尾下覆羽黑色，下腹乳白色，其余体羽灰白色，翼具大块灰色和白色斑，翼镜绿色。雌鸟通体棕栗色，两胁红棕色，翼镜灰褐色。虹膜黑褐色；嘴铅灰色；脚黑色。

【生态习性】冬候鸟或旅鸟；成小群栖息于江河、湖泊、水塘、河口、海湾、沼泽等各类水域；善潜水；植食性为主。

【居留状况】全国性常见。繁殖于东北地区，越冬于黄河及以南大部分地区，包括海南和台湾，迁徙经过新疆、内蒙古、东北南部和华北一带。长岛域内常见。

【保护状况】LC(无危)。

顾晓军 / 摄

顾晓军 / 摄

绿头鸭　　雁形目｜鸭科

【学　　名】*Anas platyrhynchos*

【英 文 名】Mallard

【别　　名】大野鸭

【形态特征】大型鸭类，体长55~70厘米。雄鸟头颈墨绿色泛金属光泽，具白色颈环，胸部栗红色，其余体羽灰色，尾上覆羽黑色且具上翘反转羽，嘴明黄色。雌鸟全身黄褐色且具斑驳褐色条纹，两胁和上背具鳞状斑，有深褐色贯眼纹，翼镜蓝紫色，嘴橘黄色而染褐色。虹膜黑褐色；脚橘红色。

【生态习性】冬候鸟或旅鸟；冬季成数十至数百只的大群活动于湖泊、河流、沼泽等水域。植食性为主。

【居留状况】全国性常见。北方的繁殖种群冬季南迁越冬，南方的留鸟种群呈扩大趋势。长岛域内常见。

【保护状况】LC(无危)。

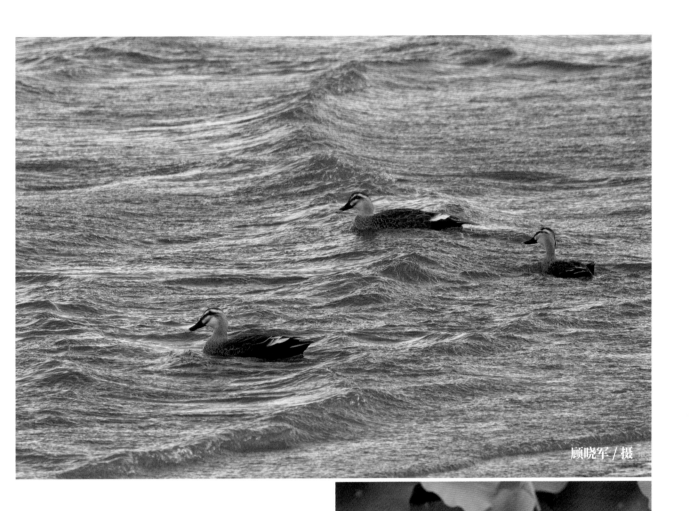

顾晓军 / 摄

斑嘴鸭 雁形目｜鸭科

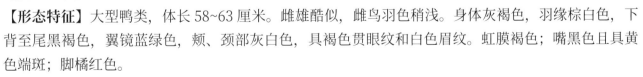

顾晓军 / 摄

【学　　名】 *Anas zonorhyncha*

【英 文 名】 Chinese Spot-billed Duck

【别　　名】 黄嘴尖鸭

【形态特征】 大型鸭类，体长 58~63 厘米。雌雄酷似，雌鸟羽色稍浅。身体灰褐色，羽缘棕白色，下背至尾黑褐色，翼镜蓝绿色，颊、颈部灰白色，具褐色贯眼纹和白色眉纹。虹膜褐色；嘴黑色且具黄色端斑；脚橘红色。

【生态习性】 冬候鸟；常与绿头鸭等其他鸭类混群；不善潜水；主要栖息于内陆各类湖泊、水库、江河、水塘、河口、沙洲和沼泽地带；植食性为主。

【居留状况】 全国性常见。北方的繁殖种群在冬季会南迁越冬，南方的留鸟种群呈扩大趋势。长岛域内常见。

【保护状况】 LC(无危)。

顾晓军 / 摄

顾晓军 / 摄

针尾鸭 雁形目｜鸭科

【学　　名】*Anas acuta*

【英 文 名】Northern Pintail

【别　　名】尖尾鸭

【形态特征】中型鸭类，体长 51~76 厘米（包括长约 10 厘米的中央尾羽）。雄性繁殖羽头、枕部暗巧克力色，前颈白色，向上延伸至颈侧，颈修长，中央尾羽长、细如针状。雌鸟全身褐色，具黑褐色斑纹，尾较短，尾形尖。虹膜深褐色；嘴、脚蓝灰色。

【生态习性】旅鸟；栖息于河流、湖泊、鱼塘、沼泽等各种水域；性机警；植食性为主。

【居留状况】全国性常见。繁殖于新疆西北部及西藏南部，越冬于长江以南大部分地区，包括海南和台湾，迁徙时经过东北、华北和长江下游北部地区。长岛域内偶见。

【保护状况】LC(无危)。

丰淑亮 / 摄

绿翅鸭　　雁形目｜鸭科

丰淑亮 / 摄

【学　　名】*Anas crecca*

【英 文 名】Eurasian Teal

【别　　名】小水鸭

【形态特征】小型鸭类，体长 34~38 厘米。飞行时具明显绿色翼镜。雄鸟繁殖期头部栗色，具长而宽的深绿色眼带，胸部奶油色具黑色斑点，尾下羽外缘具皮黄色斑块。雌鸟褐色斑驳，脸部干净，具黑褐色贯眼纹。虹膜褐色；嘴黑色；脚灰色。

【生态习性】冬候鸟；喜成大群；飞行迅速；栖息于开阔的大型湖泊、江河、河口、沼泽等地；植食性为主。

【居留状况】全国性常见，但近十年越冬种群数量有显著下降趋势。繁殖于新疆西北部、东北北部和中部，越冬于长江流域及东南沿海大部分地区，包括海南和台湾。长岛域内常见。

【保护状况】LC(无危)。

顾晓军 / 摄

琵嘴鸭　　雁形目 | 鸭科

【学　　名】*Spatula clypeata*

【英 文 名】Northern Shoveler

【别　　名】琵琶嘴鸭、铲土鸭

【形态特征】中型鸭类，体长 44~52 厘米。嘴延长而端部呈锅铲形。雄鸟头深绿色泛紫色光泽，胸白色，两胁、下腹栗红色，尾黑色，翼镜绿色。雌鸟棕褐色具鳞状斑，有深色贯眼纹，虹膜褐色，嘴黄褐色，翼镜绿色；雄鸟虹膜黄色，嘴灰黑色，脚橘红色。

【生态习性】旅鸟；成小群栖息于淡水湖畔及江河、湖泊、沿海滩涂等水域；泳姿低伏；以螺、鱼等动物性食物为主，兼食植物性食物。

【居留状况】全国性常见。繁殖于东北及西北，越冬于华南大部地区，包括海南和台湾；迁徙经国内大部分地区。长岛域内常见。

【保护状况】LC(无危)。

雄性 李俊海 / 摄

雌性 王小平 / 摄

花脸鸭 雁形目｜鸭科

【学　　名】*Sibirionetta formosa*

【英 文 名】Baikal Teal

【别　　名】野鸭子

【形态特征】小型鸭类，体长 36~43 厘米。雄鸟头、脸具黄绿相间的鲜明大条斑，胸部粉棕色具黑色斑点；雌鸟上嘴基具明显浅色圆形斑。翼镜绿色；虹膜褐色；嘴、脚灰黑色。

【生态习性】旅鸟；主要栖息在沼泽、河口、水库、湖泊和水塘；喜集群；夜间觅食，植食性为主。

【居留状况】少见，近十年越冬种群数量锐减。越冬于华中、华东、华南的一些地区，包括海南和台湾，迁徙时经过东北和华北地区。长岛域内偶见。

【保护状况】LC(无危)；国家二级保护野生动物。

白眉鸭　　雁形目｜鸭科

【学　　名】*Spatula querquedula*

【英 文 名】Garganey

【别　　名】白眼鸭、眉鸭

【形态特征】小型鸭类，体长37~41厘米。雄鸟头、胸上背棕褐色，具明显宽长白色眉纹，两胁灰白色，翼镜绿色。雌鸟通体灰褐色略显暗淡，具淡白色眉纹，两胁具鳞块斑，翼镜绿褐色。虹膜栗褐色；嘴灰黑色；脚蓝灰色。

【生态习性】旅鸟；栖息于开阔湖泊、沼泽及山区河流和海滩等地；性机警；植食性为主。

【居留状况】全国性常见。繁殖于新疆和东北地区，越冬于华南和东南沿海地区，包括海南和台湾，迁徙时经过除西藏、青海外大部分地区，长岛域内偶见。

【保护状况】LC(无危)。

王小平／摄

红头潜鸭　　雁形目｜鸭科

臧红专／摄

【学　　名】*Aythya ferina*

【英 文 名】Common Pochard

【别　　名】红头鸭、矶凫

【形态特征】中型鸭类，体长41~50厘米。雄鸟头部栗红色，虹膜红色，胸部黑褐色，背、两胁灰色并具蠕状细纹。雌鸟背灰色，头、胸及尾近褐色，眼后有一条浅带，眼先和下颏色浅，虹膜褐色。胸部和尾部棕色；嘴灰色而端黑色；脚灰色。

【生态习性】冬候鸟；成大群栖息于湖泊、水塘、河湾等各类水域；杂食性，以水藻等水生植物为主。

【居留状况】繁殖于新疆北部、东北地区西部，越冬于四川中部、长江中下游至华南地区和台湾，迁徙时经过全国大部分地区，较常见，但种群数量有下降趋势。长岛域内常见。

【保护状况】VU(易危)。

臧红专 / 摄

青头潜鸭　　雁形目｜鸭科

【学　　名】*Aythya baeri*
【英 文 名】Bear's Pochard
【别　　名】白目鳧、东方白眼鸭、青头鸭
【形态特征】中型鸭类，体长 42~47 厘米。雄鸟头、颈黑绿色闪辉，虹膜白色，嘴灰色而端黑色，上体黑褐色，胸暗栗色，腹部、尾下覆羽白色，胁栗褐色；雌鸟头颈黑褐色，虹膜褐色，嘴基具淡色圆斑，胸棕色，翼镜白色。
【生态习性】冬候鸟；栖息于芦苇和蒲草丰富的小湖中，冬季多在湖泊、江河、海湾、沼泽等地活动。善潜水和游泳，主要以水生植物为食，也捕食甲壳类、软体动物、昆虫、青蛙等动物性食物。
【居留状况】繁殖于东北、华北、华中地区，越冬于四川中部、长江中下游至华南地区和台湾，迁徙时经过东部各地。曾经数量庞大，但下降极快，目前在少数几个特定地点还较易观察。长岛域内偶见。
【保护状况】CR(极危)；国家一级保护野生动物。

臧红专 / 摄

白眼潜鸭 　　雁形目｜鸭科

【学　　名】*Aythya nyroca*

【英 文 名】Ferruginous Pochard

【别　　名】白眼鸭

【形态特征】小型鸭类，体长 33~43 厘米。雄鸟头、胸、胁部栗色，下腹、尾下覆羽白色，余部黑褐色，虹膜黄白色；雌鸟色浅，似青头潜鸭，两胁无白色，虹膜深栗色。嘴黑色；脚蓝灰色。

【生态习性】旅鸟；栖居于沼泽及淡水湖泊，冬季也活动于河口及沿海地区；性谨慎，成对或成小群；杂食性，以植物性食物为主。

【居留状况】繁殖于我国西部，越冬于四川中部、长江中下游至华南地区和台湾，迁徙时见于我国绝大部分地区，较常见。长岛域内常见。

【保护状况】NT(近危)。

王小平 / 摄

凤头潜鸭　雁形目 ｜ 鸭科

【学　　名】*Aythya fuligula*

【英 文 名】Tufted Duck

【别　　名】泽凫、凤头鸭子、黑头四鸭

【形态特征】中型鸭类，体长 34~49 厘米。雄鸟除下腹、两胁及翼镜为白色外，余部黑色，且头部紫黑色闪辉，具长羽冠。雌鸟全身棕褐色，头部黑褐色，羽冠较短，似斑背潜鸭，嘴基部具白斑但不如斑背潜鸭明显。虹膜黄色；嘴、脚灰色。

【生态习性】旅鸟或冬候鸟；主要栖息于湖泊、河流、水库、池塘、沼泽、河口等开阔水面；喜成群；善潜水；杂食性，以水生植物和鱼虾贝壳类为主。

【居留状况】繁殖于我国西部和东北地区，越冬于长江流域及华东、华南地区，迁徙时经过我国大部分地区，为最常见的潜鸭之一，但东北地区记录较少。长岛域内偶见。

【保护状况】LC(无危)。

雄性 顾晓军 / 摄

斑背潜鸭　　雁形目｜鸭科

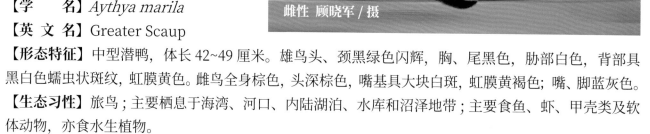

雌性 顾晓军 / 摄

【学　　名】*Aythya marila*

【英 文 名】Greater Scaup

【形态特征】中型潜鸭，体长 42~49 厘米。雄鸟头、颈黑绿色闪辉，胸、尾黑色，胁部白色，背部具黑白色蠕虫状斑纹，虹膜黄色。雌鸟全身棕色，头深棕色，嘴基具大块白斑，虹膜黄褐色；嘴、脚蓝灰色。

【生态习性】旅鸟；主要栖息于海湾、河口、内陆湖泊、水库和沼泽地带；主要食鱼、虾、甲壳类及软体动物，亦食水生植物。

【居留状况】迁徙季节少见于我国东部，越冬于长江流域至华南地区和台湾。长岛域内偶见。

【保护状况】LC(无危)。

顾晓军 / 摄

顾晓军 / 摄

鹊鸭　　雁形目｜鸭科

【学　　名】*Bucephala clangula*

【英 文 名】Common Goldeneye

【别　　名】喜鹊鸭、金眼鸭、白脸鸭

【形态特征】中型鸭类，体长 40~48 厘米。头大高耸，繁殖期雄鸟胸、腹、次级飞羽白色，嘴黑色，嘴基具大白斑，头部黑色闪绿辉，上背黑色。雌鸟上体黑褐色，头棕色，嘴黑褐色而尖端黄色。虹膜金黄色 ; 脚橘红色。

【生态习性】旅鸟 ; 单独或成群栖息于江河、湖泊、河口及沿海水域等地 ; 泳姿优雅 ; 性机警 ; 动物性食物为主。

【居留状况】除海南外遍及全国。繁殖于新疆北部、东北北部，迁徙经东北、西北，华北及以南均可见到越冬个体，北方适宜生境易见。长岛域内常见。

【保护状况】LC(无危)。

王小平 / 摄

王小平 / 摄

斑头秋沙鸭　　雁形目｜鸭科

【学　　名】*Mergellus albellus*

【英 文 名】Smew

【别　　名】白秋沙鸭、小秋沙鸭、川秋沙鸭

【形态特征】小型鸭类，体长 38~44 厘米。雄鸟眼罩、后枕、上背、胸侧及初级飞羽黑色，余部白色，两胁具灰色蠕虫状条纹。雌鸟头、上颊及后颈红棕色，下颊、颊、喉至前颈白色，余部灰色。虹膜褐色；嘴灰黑色，短而略带勾；脚灰黑色。

【生态习性】旅鸟；冬季成群栖息于湖泊、河流、池塘等地；性机警；善潜水；杂食性，以小型无脊椎动物为主。

【居留状况】除海南和青藏高原西部外遍及全国。东北有繁殖记录，华北及以南有普遍越冬记录，易见，台湾偶见越冬记录。长岛域内常见。

【保护状况】LC(无危)；国家二级保护野生动物。

顾晓军 / 摄

王小平 / 摄

普通秋沙鸭　　雁形目｜鸭科

【学　　名】*Mergus merganser*

【英 文 名】Common Merganser

【别　　名】秋沙鸭、大锯嘴鸭子、鱼钻子、鱼鸭

【形态特征】大型鸭类，体长 54~68 厘米。繁殖期雄鸟头、上颈和上背墨绿色，翼上具大块白斑，体侧纯白色。雌鸟头和上颈栗褐色，羽冠明显，上体灰色，下体白色，部分个体两胁染灰色并具不明显鳞状斑，颏和喉白色，具白色翼镜。虹膜暗褐色；嘴暗红色，基部厚，嘴形狭、长、尖且端部带钩；脚红色。

【生态习性】冬候鸟或旅鸟；栖息于内陆湖泊、江河、森林等地；不与其他鸭类混群；善潜水；以鱼类为主食。

【居留状况】见于中国西部地区，除新疆、海南外，遍及全国，华南地区记录较少，其余地区普遍易见。长岛域内常见。

【保护状况】LC(无危)。

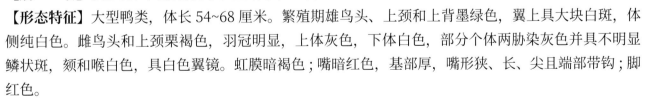

顾晓军 / 摄

红胸秋沙鸭 雁形目 | 鸭科

【学　　名】*Mergus serrator*

【英 文 名】Red-breasted Merganser

【形态特征】中型鸭类，体长 52~60 厘米。体形似中华秋沙鸭，鼻孔位于近嘴基部。雄鸟头褐色且具长羽冠，具白色颈环，上体黑色，翅上具白色大型翼镜，下体白色，前胸锈红色，胁部具黑白蠕虫状细纹，肩前部具明显白色斑块。雌鸟与非繁殖期雄鸟均为棕褐色，胸部棕红色。雌雄鸟虹膜均为红色；嘴红色；脚橘红色。

【生态习性】旅鸟；常成家族群或小群；生活于河流、湖泊、苔原；性机警；善潜水；以鱼类为主要食物。

【居留状况】见于我国东北、华北、华东及华南地区，新疆、四川、重庆、云南也有记录，渤海、黄海沿海地区冬季较易见，其他地区偶见。长岛域内常见。

【保护状况】LC(无危)。

王莅祥 / 摄

中华秋沙鸭　　雁形目｜鸭科

【学　　名】*Mergus squamatus*

【英 文 名】Scaly-sided Merganser

【别　　名】秋沙鸭、唐秋沙（鸭）

【形态特征】中等秋沙鸭，体长 49~64 厘米。雄鸟头黑色且具绿色金属光泽，羽冠长，似清朝官帽的顶戴花翎，故称中华秋沙鸭；背黑色，胸及下体白色，胁部具明显黑白鳞状斑纹，故又称鳞胁秋沙鸭。雌鸟头颈棕褐色，与普通秋沙鸭和红胸秋沙鸭的区别为胁部具明显的鳞状纹。虹膜褐色；嘴鲜红色；脚橘黄色。

【生态习性】冬候鸟；栖息于林区内湍急河流，有时栖息在开阔湖泊；飞行常贴近水面；主要以鱼类、石蛾幼虫、甲虫、蝼蛄等为食。

【居留状况】繁殖于我国东北，迁徙时经过华北地区，越冬于长江流域至华南的广大区域，但是非常分散，已知越冬地点有限。长岛域内偶见。

【保护状况】EN(濒危)；国家一级保护野生动物。

臧红专 / 摄

赤嘴潜鸭　　雁形目｜鸭科

【学　　名】*Netta rufina*

【英 文 名】Red-crested Pochard

【别　　名】红嘴潜鸭

【形态特征】大型鸭类，体长 53~57 厘米。雄鸟头浓栗色，羽冠淡棕黄色，嘴橘红色，上体暗褐色，下体黑色，脚粉红色，两胁白色，翼镜白色；雌鸟褐色，嘴黑而带黄色嘴尖，喉及颈侧白色，额、顶盖及枕部深褐色，脚灰色。虹膜红褐色。

【生态习性】冬候鸟；栖息于开阔的淡水湖泊、水流较缓的江河等地区；植食性为主。

【居留状况】繁殖于新疆北部、内蒙古西部、青藏高原东部、越冬于西藏南部、西南地区的高原淡水湖泊中，地区性常见，华北、华东地区、长江流域偶见迁徙过境及越冬记录，福建、广西、台湾等地有迷鸟记录。长岛域内偶见。

【保护状况】LC(无危)。

【拍摄时间、地点】2015 年 12 月 21 日 15:17，拍摄于长岛的小钦岛。

顾晓军 / 摄

 新增 XIN ZENG

丑 鸭　雁形目 | 鸭科

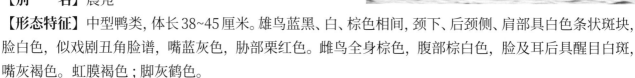

顾晓军 / 摄

【学　　名】*Histrionicus histrionicus*

【英 文 名】Harlequin Duck

【别　　名】晨凫

【形态特征】中型鸭类，体长 38~45 厘米。雄鸟蓝黑、白、棕色相间，颈下、后颈侧、肩部具白色条状斑块，脸白色，似戏剧丑角脸谱，嘴蓝灰色，胁部栗红色。雌鸟全身棕色，腹部棕白色，脸及耳后具醒目白斑，嘴灰褐色。虹膜褐色；脚灰鹤色。

【生态习性】旅鸟；繁殖期栖息于水流快速的溪流或河流边，冬季多在岩石的港湾过冬；游泳时尾翘起，飞行快而低；主要以软体动物、甲壳动物、水生昆虫等为食。

【居留状况】在我国长白山区为罕见繁殖鸟，黑龙江有罕见旅鸟记录，河北、山东沿海有罕见越冬记录，北京、四川、陕西等地有迷鸟记录。长岛域内偶见。

【保护状况】LC(无危)。

【拍摄时间、地点】2019 年 2 月 25 日 11:08，拍摄于长岛的北隍城岛。

顾晓军 / 摄

长尾鸭　雁形目｜鸭科

【学　　名】*Clangula hyemalis*

【英 文 名】Long-tailed Duck

【形态特征】中型鸭类，体长 51~60 厘米。嘴和颈较短，尾尖，雄鸟中央尾羽特形延长。冬季雄鸟头、颈白色，两颊各有一块大型黑斑，肩羽白色，胸黑色，腹白色，其余体羽褐色；夏季雄鸟除腹和眼斑为白色外，其余全为黑褐色。雌鸟较小，尾亦短，冬季头、颈白色，头顶黑色，两胁有黑色斑块，上体和胸黑褐色，胸以下白色；夏季雌鸟头较灰，前颈较暗，其余同冬羽。虹膜褐色；雄鸟嘴基黑色，嘴尖具粉色斑，雌鸟嘴灰色；脚灰色。

【生态习性】旅鸟；繁殖于苔原地带，非繁殖期主要栖息在沿海水域、海岛和海湾；善游泳和潜水；主要以动物性食物为食。

【居留状况】辽东半岛外海有稳定的越冬记录，渤海、黄海等其余地区偶见越冬记录，北方各地、四川、重庆、湖南、东海沿岸均有迷鸟记录。长岛域内偶见。

【保护状况】VU(易危)。

【拍摄时间、地点】2018 年 3 月 7 日 14:47，拍摄于长岛的北隍城岛。

05

中国长岛
鸟类图鉴

潜鸟目

潜鸟目鸟类属潜水能力极强的游禽，嘴长而尖，翅膀短而小，腿部较为粗壮，具有很大的蹼。该目鸟类主要栖息于海洋，亦常见于海滨及其附近的湖泊中。潜鸟目鸟类主要取食鱼类、甲壳动物和软体动物等。该目鸟类分布较为广泛，主要在高纬度地区，有迁徙的习性。

黑喉潜鸟　　潜鸟目｜潜鸟科

【学　　名】*Gavia arctica*

【英 文 名】Black-throated Loon

【别　　名】黑喉水鸟

【形态特征】大型游禽，体长 56~77 厘米。体形大而颈粗，额隆起，胁部白色明显。繁殖期头至后颈灰色，嘴黑色，喉及前颈黑绿色，颈侧及胸部具白色条纹，背部具黑白相间的格状花纹。非繁殖期头顶、后颈、背部黑褐色，从眼下至前颈白色，胁部后侧白色明显，嘴灰褐色。虹膜栗红色；脚黑色。

【生态习性】冬候鸟；栖息于沿海海面、海湾及河口；善潜水，游泳时颈部呈"S"形，飞翔能力强但水面起飞稍显笨拙；以鱼类和各种水生无脊椎动物为食。

【居留状况】国内为旅鸟和冬候鸟，见于东部沿海地区，北至吉林，南至福建、台湾，偶见于内蒙古东南部，陕西、四川有零星个体记录，越冬于新疆极北部阿尔泰山。长岛域内偶见。

【保护状况】LC(无危)。

红喉潜鸟　　潜鸟目｜潜鸟科

臧红专 / 摄

【学　　名】*Gavia stellata*

【英 文 名】Red-thrated Loon

【别　　名】红喉水鸟

【形态特征】大型游禽，体长 53~69 厘米。繁殖期成鸟脸、喉及颈侧灰色，前颈有栗色三角形斑，从喉下部直到上胸，颈背多具纵纹，下体白色。非繁殖期成鸟颏、颈侧、脸及下体白色，上体近黑色而具白色纵纹。虹膜红色；嘴绿黑色；脚绿黑色。

【生态习性】冬候鸟或旅鸟；繁殖于淡水区域；越冬在沿海水域，有时成群活动；主要以各种鱼类为食。

【居留状况】国内主要为旅鸟和冬候鸟，见于沿海各地以及黑龙江（东部）、北京、内蒙古（中南部）、云南（东南部），黑龙江或有繁殖。长岛域内偶见。

【保护状况】LC(无危)。

黄嘴潜鸟　　潜鸟目｜潜鸟科

王殿宝 / 摄

【学　　名】*Gavia adamsii*

【英 文 名】Yellow-billed Loon

【别　　名】白嘴水鸟

【形态特征】大型游禽，体长 75~100 厘米。体形大而颈粗，额隆起。繁殖期头、颈黑色，具白色不封闭的纵纹颈环，背部具黑白相间的格状花纹。非繁殖期羽色淡，眼周至颈部灰白色，斑纹不显，两胁缺少白色斑块。虹膜栗红色；嘴象牙白或米黄色；脚褐色。

【生态习性】旅鸟；栖息于海水和海滨的湖泊，善于潜水游泳，游泳时身体沉水较深，尾部紧贴水面，嘴常向上倾斜；食鱼、虾、甲壳类及软体动物。

【居留状况】国内迁徙期见于吉林、辽宁、山东、内蒙古（锡林郭勒），越冬于山东、江苏北部海域，四川德阳、福建连江、香港有迷鸟记录。长岛域内偶见。

【保护状况】NT(近危)。

【拍摄时间、地点】2013 年 1 月 27 日 15:09，拍摄于长岛的南隍城岛。

06

中国长岛
鸟类图鉴

隼形目

　　隼形目鸟类大多翅长而尖，飞行迅捷，大多数种类善于在高空翱翔，巡查地面猎物并俯冲抓捕，平时则栖息于高树上或岩崖处，伺机猎食。隼形目鸟类嘴、脚强健并具利钩，适应于抓捕并撕裂食物。嘴基部具蜡膜；翅膀强健有力，善于疾飞；体羽大多灰色、褐色或黑色。雌鸟比雄鸟大。食物以小型至中型脊椎动物为主。除繁殖期外大多数单独活动。隼形目鸟类广泛分布于世界各地。该目为昼行性猛禽，代表类群为隼科。

徐永春／摄

黄爪隼　　隼形目｜隼科

【学　　名】*Falco naumanni*

【英 文 名】Lesser Kestrel

【别　　名】黄脚鹰

【形态特征】小型猛禽，体长 29~34 厘米。雄鸟似红隼而无髭纹，头部灰蓝色，喉皮黄色，背、胸、腹棕红色，背部无斑点，腹部具稀疏的黑斑。翼上覆羽蓝灰色，尾蓝灰色，次端斑黑色宽阔，白色端斑狭窄。雌鸟与红隼相似。虹膜褐色；嘴灰色而端灰色；蜡膜黄色；脚黄色；爪淡黄色。

【生态习性】夏候鸟；栖息于开阔的荒山旷野、荒漠、草地、林缘、河谷，以及村庄附近和农田地边的丛林地带，喜欢在荒山岩石地带和有稀疏树木的荒原地区活动；多成对和成小群活动；主要以大型昆虫为食，也吃啮齿动物和小型鸟类等；繁殖期 5~7 月，窝卵数 4~5 枚。

【居留状况】中国北方的夏候鸟，在新疆北部较常见，迁徙时偶见于东部和中部地区。春秋两季鸟类迁徙期间在长岛域内常见。

【保护状况】LC(无危)；国家二级保护野生动物。

顾晓军 / 摄

红隼　　隼形目｜隼科

顾晓军 / 摄

【学　　名】*Falco tinnunculus*

【英 文 名】Common Kestrel

【别　　名】茶隼、红鹰、红鹞子

【形态特征】小型猛禽，体长 31~38 厘米。雄鸟背部具黑色斑点，翼上覆羽无灰色，下体纵纹较多。雌鸟下体多黑色斑点。虹膜褐色；嘴灰色而端黑色；蜡膜黄色；脚黄色。

【生态习性】留鸟；栖息于森林苔原、低山丘陵、农田和村庄等各类生境，城市环境有增加的趋势；飞行迅速，可悬停；主要以蝗虫、蚤斯、蟋蟀等昆虫为食；繁殖期 5~7 月，岩缝或树上营巢，窝卵数 4~5枚，雌鸟孵卵，双亲共同育雏，雏鸟晚成。

【居留状况】在国内广泛分布，于各地居留型复杂，但皆较为常见。长岛域内常见。

【保护状况】LC(无危)；国家二级保护野生动物。

徐永春 / 摄

丰淑亮 / 摄

红脚隼 　隼形目｜隼科

【学　　名】*Falco amurensis*

【英 文 名】Amur Falcon

【别　　名】青鹰、青燕子、阿穆尔隼

【形态特征】小型猛禽，体长 25~30 厘米。雄鸟上体烟灰色，下体浅灰色，色差较大，飞行时翼下覆羽白色。雌鸟额白色，头顶灰色具黑色纵纹；背、尾灰色，尾具黑色条纹；下体乳白色，胸部具黑色纵纹，腹部具黑色横斑；翼下白色并具黑色点斑及横斑。亚成体似雌鸟但下体横纵棕褐色。虹膜褐色；嘴灰色；蜡膜、脚橙红色。

【生态习性】旅鸟；栖息于低山丘陵、平原地带疏林、林缘地区；通常单独活动，迁徙季节成小群或大群；振翅频率快，可滑翔和悬停；俯冲捕食，主要以鼠类、小型鸟类、蛙、蜥蜴等为食。

【居留状况】广泛分布于新疆和青藏高原以外地区，是北方的夏候鸟、南方的旅鸟。春秋两季鸟类迁徙期间在长岛域内常见。

【保护状况】LC(无危)；国家二级保护野生动物。

徐永春 / 摄

灰背隼　　隼形目｜隼科

【学　　名】*Falco columbarius*

【英 文 名】Merlin

【别　　名】鸽子鹰、灰鹞、灰青条子

【形态特征】小型猛禽，体长 27~32 厘米。体形与燕隼相似。雌雄异色。雄鸟上体、两翅蓝灰色且具黑色羽干纹；后颈有一道黑斑的棕色领圈；下体棕白色，尾羽末端淡灰色或白色，具宽阔黑色次端斑。雌鸟上体蓝灰色，领圈羽缘白色或棕白色；下体灰白色或棕白色。虹膜暗褐色；眼周和蜡膜黄色；嘴蓝灰色，尖端黑色；脚橙黄色；爪黑色。

【生态习性】旅鸟；喜沼泽地及开阔草地；在飞行中捕获猎物，以雀形目小鸟、蝙蝠、蜥蜴等为食。

【居留状况】新疆有少量繁殖记录，于西北、东北、华北、华东、西南、东南等地区为旅鸟和冬候鸟，见于黑龙江、吉林、河北、北京、山东、上海、四川、安徽、青海、甘肃、福建、台湾等地。春秋两季鸟类迁徙期间在长岛域内偶见。

【保护状况】LC(无危)；国家二级保护野生动物。

顾晓军 / 摄

燕 隼 隼形目｜隼科

【学　　名】*Falco subbuteo*

【英 文 名】Eurasian Hobby

【别　　名】青条子、蚂蚱鹰

【形态特征】小型猛禽，体长29~35厘米。雄鸟头顶眼后黑色延伸到枕后，与黑色上体相连，具白色眉纹，眼下具粗黑色髭纹，脸颊、颏、喉及胸腹白色，胸腹部具黑色纵纹，上体包括两翼深灰色或黑色，下腹、腿及臀羽栗红色。雌鸟似雄鸟但偏褐色，下腹和尾下覆羽也具细黑色纵纹。虹膜黑褐色具黄色眼圈；嘴蓝灰色且尖端黑色，嘴基具黄色蜡膜；脚黄色。

【生态习性】夏候鸟；栖息于开阔地和有林地带；飞行中捕捉猎物，主要以麻雀、山雀等雀形目小鸟为食，偶尔捕捉蝙蝠；繁殖期5~7月，树上营巢，窝卵数2~4枚，雌雄轮流孵卵（雌鸟为主），双亲共同育雏，雏鸟晚成。

【居留状况】国内广泛分布于各地，为我国北部地区的夏候鸟，迁徙时期见于国内多数地区。春秋两季鸟类迁徙期间在长岛域内常见。

【保护状况】LC(无危)；国家二级保护野生动物。

于凤琴 / 摄

猎 隼 　隼形目 | 隼科

顾晓军 / 摄

【学　　名】*Falco cherrug*

【英 文 名】Saker Falcon

【别　　名】兔鹰、猎鹰、鹞子

【形态特征】中型猛禽，体长 42~60 厘米。上体暗褐色且具砖红色点斑和横斑，头、颈和后背黄白色且具褐色纵斑，两翅和尾黑褐色，下体淡棕色，胸、腹均杂以宽阔的褐色纵纹。虹膜黑褐色；嘴褐色；脚暗褐色；爪黑色。

【生态习性】旅鸟；栖息于山地、丘陵、河谷和山脚平原地区；多单独活动，在空中捕食猎物，主要以中小型鸟类和小型兽类为食。营巢于悬崖峭壁的石台上或石缝中，每窝产卵 3~6 枚。

【居留状况】在国内繁殖于西北和东北地区，在华北、华东、西南等地区为旅鸟和冬候鸟。春秋两季鸟类迁徙期间在长岛域内偶见。

【保护状况】EN(濒危)；国家一级保护野生动物。

顾晓军 / 摄

游 隼　　隼形目 | 隼科

【学　　名】*Falco peregrinus*
【英 文 名】Peregrine Falcon
【别　　名】花梨鹰
【形态特征】中型猛禽，体长 41~50 厘米。成鸟头顶及脸颊近黑色或具黑色条纹，上体蓝灰色且具黑色点斑及横纹，下体白色，胸具黑色纵纹，腹部、腿及尾下多具黑色横纹。虹膜黑色；嘴灰色；蜡膜黄色；脚黄色。
【生态习性】旅鸟或冬候鸟；栖息于山地丘陵、荒漠、草原、河流、沼泽等多种生境；是世界上飞行最快的鸟类之一，能从高空螺旋俯冲捕获猎物，主要捕食野鸡、鸥类、鸽类和雉类等中小型鸟类。常单独活动，通常营巢于崖壁上，有时亦在树上和建筑物上繁殖，也会利用其他鸟类的旧巢繁殖。
【居留状况】广泛分布于全国各地。在长岛各岛屿中的悬崖峭壁上筑巢繁衍后代，长岛域内常见。
【保护状况】LC(无危)；国家二级保护野生动物。

游隼

  每年的春夏季节，在长岛的所有岛屿中都可以见到游隼在崖壁上筑巢，游隼有占据实力范围的习性，一对游隼所占据的面积约 2 平方千米。

颐晓军 / 摄

顾晓军 / 摄

顾晓军 / 摄

顾晓军 / 摄

鸡形目

    鸡形目鸟类多为大型路栖性鸟类，有些种类体形较小，嘴型弯曲且上嘴稍长于下嘴，两翅短而圆。栖息地多样，一般喜地面生活，在林下地面或草地上觅食。有些种类白天在地面活动觅食，晚上夜宿在树上，一般为留鸟，有些山地种类有垂直迁徙的现象。杂食性，以植物性食物为主，有时也取食昆虫和其他小动物。

鹌 鹑　　鸡形目│雉科

【学　　名】*Coturnix japonica*

【英 文 名】Japanese Quail

【别　　名】鹑鸟、宛鹑、奔鹑

【形态特征】小型鸡类，体长 15~20 厘米。眉纹皮黄色，上体褐色，夹杂大小黑色斑块，具粗细不等的矛状黄色条纹，下体皮黄色，上胸具少量深色纵纹，胁部具栗色纵纹。繁殖期雄鸟脸、喉及上胸栗色，脚棕色。虹膜红褐色；嘴灰色；脚非繁殖期皮黄色。

【生态习性】夏候鸟；性隐匿；成小群或成对栖息于矮草地，农田；植食性；繁殖期 5~7 月，一雄多雌制，在地面筑巢，窝卵数 7~14 枚，雌鸟孵卵，雏鸟早成。

【居留状况】常见于我国东部广大地区，繁殖于东北及华北地区，越冬于长江以南地区，部分个体越冬于华北地区。长岛域内常见。

【保护状况】NT(近危)。

顾晓军 / 摄

张伟福 / 摄

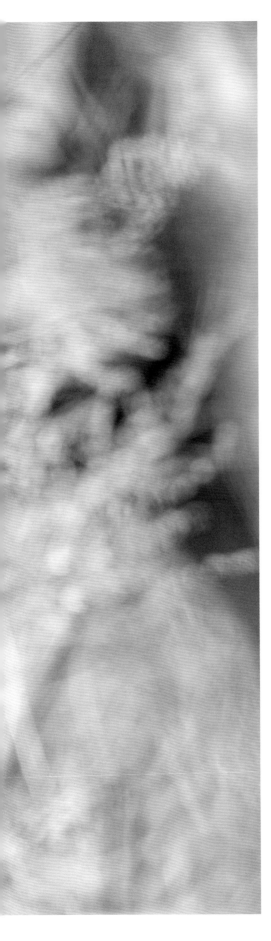

环颈雉　鸡形目｜雉科

【学　　名】*Phasianus colchicus*

【英 文 名】Common Pheasant

【别　　名】野鸡、山鸡、七彩山鸡

【形态特征】大型鸡类，体长 80~100 厘米。雄鸟头顶黑绿色闪辉，具耳簇羽，面部裸皮红色，具白色颈环，体羽棕色至铜色闪辉，尾羽褐色带深色横纹。雌鸟通体灰棕色具深褐色斑纹。虹膜黄色；嘴角质色；脚灰色。

【生态习性】留鸟；性机警，善行走，成群活动于林地、灌丛、耕地等多种生境，适应性极强；杂食性；繁殖期 4~7 月，一雄多雌制，在地面筑巢，窝卵数 16~22 枚，雌鸟孵卵，同步孵化，雏鸟早成。

【居留状况】全国大部分地区常见，亚种众多。在长岛北隍城岛有零星分布。长岛域内偶见。

【保护状况】LC(无危)。

【拍摄时间、地点】2021 年 4 月 8 日 12:44，拍摄于长岛的北隍城岛。

鹱形目

　　海洋性鸟类，体形差异较大。形态似鸥，嘴长且侧扁，尖端带钩，鼻孔呈管状。雌雄同色，体羽多以白色、褐色、黑色为主。两翼尖长而善飞行；尾短或长，呈圆尾、叉尾或楔形；脚具蹼。多数时间单独或集群栖息于从热带到温带的海洋，仅繁殖季节在陆地活动。主要以鱼类、软体动物和浮游生物为食。非繁殖季多具游荡性。

桑新华 / 摄

短尾信天翁 鹱形目 | 信天翁科

【学　　名】*Phoebastria albatrus*

【英 文 名】Short-tailed Albatross

【别　　名】海燕、信天翁、阿房鸟、阿呆鸟

【形态特征】大型海鸟，体长 84~100 厘米。身体白色，头和颈缀有黄色，初级飞羽和尾尖端黑褐色。嘴粉红色；脚暗色。

【居留状况】记录于山东、广东、台湾海域。长岛域内罕见。

【保护状况】VU(易危)；国家一级保护野生动物。

王小平 / 摄

王小平 / 摄

白额鹱　　鹱形目｜鹱科

【学　　名】*Calonectris leucomelas*

【英 文 名】Streaked Shearwater

【别　　名】大灰鹱、大水薙鸟、大水剃鸟

【形态特征】中型海鸟，体长 45~52 厘米。嘴较细长，鼻管较短。上体暗褐色，前额、头侧、前颈和下体白色。尾呈楔形，飞行时初级、次级飞羽和尾羽黑褐色。虹膜褐色；嘴灰色；脚带粉色。

【生态习性】旅鸟和罕见的夏候鸟；属典型的海洋性鸟类，除繁殖期外，全在海上活动；迁徙时常结成大群，在海面上低空飞行和滑翔；主要以鱼类、浮游动物和软体动物为食。

【居留状况】记录于黄海、东海、南海沿岸及附近岛屿，在台湾和海南为留鸟，其他地区为夏候鸟或旅鸟，迷鸟见于天津、安徽和江西。长岛域内罕见。

【保护状况】NT(近危)。

09

中国长岛鸟类图鉴

鲣鸟目

鲣鸟目鸟类均为中等体形游禽，嘴短钝而带钩，栖息环境多为海洋、湖泊等开阔水面，大部分种类善于飞行，主要食鱼类。部分种类会抢夺其他鸟类的食物。广泛分布于温带及亚热带的海洋及内陆。

徐永春 / 摄

白斑军舰鸟　　鲣鸟目｜军舰鸟科

【学　　名】*Fregata ariel*

【英 文 名】Lesser Frigatebird

【形态特征】大型海鸟，体长 66~81 厘米。雄鸟全身黑色，虹膜、嘴、脚均黑色，腹两边各有一大块白斑喉囊红色。雌鸟上体和翅为黑色，虹膜、嘴、脚均红色，胸、上腹和腋羽白色，颏、喉、下腹和尾下覆羽黑色。幼鸟头和上胸白色缀锈红色，下胸有一宽阔的黑色横带，腹白色。喉囊和眼睑红色。

【居留状况】偶见于东南沿海，迷鸟见于北京、山东、河南、陕西、江西。南海诸岛或有繁殖。长岛域内罕见。

【保护状况】LC(无危)；国家二级保护野生动物。

陈加盛 / 摄

褐鲣鸟　　鲣鸟目｜鲣鸟科

陈加盛 / 摄

【学　　名】*Sula leucogaster*

【英 文 名】Brown Booby

【别　　名】白腹鲣鸟、棕色鲣鸟

【形态特征】大型海鸟，体长 64~74 厘米。嘴大而尖，端部具明显锯齿缘。成鸟的嘴、眼周、喉囊裸露皮肤呈黄绿色；上体包括头、后颈、背和尾等大都褐色；下体除胸和前颈为褐色外，全为白色；脚淡黄色。雌雄成鸟羽色相同。亚成鸟体羽毛全为褐色，但腹部显然比胸部淡。

【居留状况】见于东部和南部沿海，北至山东。长岛域内罕见。

【保护状况】LC(无危)；国家二级保护野生动物。

李俊海 / 摄

普通鸬鹚　　鲣鸟目 | 鸬鹚科

【学　　名】*Phalacrocorax carbo*

【英 文 名】Great Cormorant

【别　　名】黑鱼郎、水老鸦、鱼鹰

【形态特征】大型水鸟，体长 77~94 厘米。通体黑色，头颈具紫绿色光泽，肩和翅具青铜色光泽，嘴角和喉囊橘黄色，脸颊及喉白色。繁殖期脸部具红色斑，颈和头饰具白色丝状羽，两胁具白色斑块。亚成鸟深褐色，下体泛白。虹膜翠绿色；上嘴黑褐色且端部具锐钩，下嘴及上嘴边缘灰白色；脚黑色。

【生态习性】旅鸟；栖息于各种适宜的宽阔水域，性喜群栖，善游泳和潜水；飞行呈"V"字形或斜"一"字队形；潜水捕食鱼类。

【居留状况】国内广布于各地，通常较为常见。在北方多为旅鸟和夏候鸟，南方多为冬候鸟和留鸟。长岛域内常见。

【保护状况】LC(无危)。

顾晓军／摄

海鸬鹚和绿背鸬鹚

红嘴的为海鸬鹚，头部白羽毛的为绿背鸬鹚，这两种鸬鹚经常混群栖息。

顾晓军 / 摄

顾晓军 / 摄

顾晓军 / 摄

海鸬鹚　　鲣鸟目 | 鸬鹚科

【学　　名】*Phalacrocorax pelagicus*

【英 文 名】Pelagic Cormorant

【别　　名】乌鹈

【形态特征】大型水鸟，体长 63~76 厘米。通体黑色，颈具紫色光泽，其余具绿色光泽。繁殖期头顶和枕部各有一束铜绿色羽冠，两胁各具一大白斑。喉和眼裸露皮肤红色。嘴较细长。虹膜绿色；嘴黑色；脚黑色。

【生态习性】留鸟；栖息地一般远离居民点，觅食于开阔河道、湖泊以及水稻田；繁殖季节常常成对活动，迁徙、越冬季节可成大群；主要以鱼类为食。

【居留状况】国内见于东部沿海地区，区域性常见于辽宁、山东、江苏部分地区的海岛礁石环境。在长岛无人岛悬崖峭壁上筑巢繁衍后代，长岛域内常见。

【保护状况】LC(无危)；国家二级保护野生动物。

绿背鸬鹚   鲣鸟目｜鸬鹚科

【学　　名】*Phalacrocorax capillatus*
【英 文 名】Japanese Cormorant
【别　　名】斑头鸬鹚
【形态特征】大型水鸟，体长 81~92 厘米。繁殖期成鸟头及颈绿色，具金属光泽，头侧具稀疏的白色丝状羽，脸部白色块斑较大，腿也具白色块斑。冬季黑褐色，颏及喉白色。嘴基裸露皮肤黄色。虹膜蓝色；嘴角褐色，下嘴基部黄色；脚灰黑色。
【生态习性】旅鸟；栖息于海岛悬崖峭壁或突兀的礁石上；喜群居；以鱼类为食。
【居留状况】国内见于东部沿海，部分个体冬季迁徙至南方地区。区域性常见于辽宁、山东、江苏的海岛礁石环境。在长岛无人岛悬崖峭壁上筑巢繁衍后代，长岛域内常见。
【保护状况】LC(无危)。

顾晓军 / 摄

顾晓军 / 摄

顾晓军 / 摄

顾晓军 / 摄

顾晓军 / 摄

绿背鸬鹚

鹰形目

上嘴弯曲且呈钩状，翅膀强劲有力，雌鸟体形一般较雄鸟大。该目鸟类食性以肉食性为主；栖息生境复杂，多见于森林、草原、农田、居民区和海岸线等地；昼性行，白天常见于高空翱翔，有些种类会借助上升的热气流飞行；繁殖期多成对活动，有些种类会集大群长距离迁徙。鹰形目鸟类广泛分布于世界各地。

徐永春 / 摄

鹗 鹰形目｜鹗科

【学　　名】*Pandion haliaetus*

【英 文 名】Western Osprey

【别　　名】鱼鹰、睢鸠、鱼雕、鱼鸿

【形态特征】中型猛禽，体长 56~62 厘米。雌雄相似，头顶和颈后白色且具暗褐色纵纹，头后羽矛状。上体和两翅暗褐色，尾羽淡褐色。下体除胸部具棕褐色斑纹外余部白色。脚趾有锐爪，趾底布满齿，外趾能前后反转，适于捕鱼。虹膜黄色；嘴黑色；脚灰色。

【生态习性】留鸟；喜水库、湖泊、河流等水域；常在水面上空盘旋甚至悬停，伺机俯冲捕食鱼类，有时也捕食蛙类、蜥蜴和小型鸟类；繁殖期 5~7 月，营巢于水边岩石，窝卵数 2~3 枚，雌雄轮流孵卵（雄鸟为主），雏鸟晚成。

【居留状况】全国大部分地区有分布，地方性常见。在东北和西北为夏候鸟，在台湾为冬候鸟，在其他地区为旅鸟或留鸟。长岛域内偶见。

【保护状况】LC(无危)；国家二级保护野生动物。

李俊海 / 摄

黑翅鸢　　鹰形目｜鹰科

【学　　名】*Elanus caeruleus*

【英 文 名】Black-winged Kite

【别　　名】灰鹞子

【形态特征】小型猛禽，体长 31~37 厘米。具黑色肩部斑块及形长的初级飞羽。成鸟头顶、背、翼覆羽及尾基部灰色，脸、颈及下体白色；亚成鸟似成鸟，但沾褐色。虹膜红色；嘴黑色；蜡膜黄色；脚黄色。

【生态习性】留鸟；常单独停歇于树桩、电杆顶端；是唯一振羽悬停寻找猎物的鹰类；以鼠类、蜥蜴、昆虫和小鸟为食；繁殖期 4~7 月，窝卵数 3~5 枚，雌雄轮流孵化，雏鸟晚成。

【居留状况】留鸟见于华南、华东沿海地区（包括海南和台湾），地方性常见。近年呈北扩趋势，最北至河北（张家口），东部沿海地区已有稳定的繁殖记录。长岛域内偶见。

【保护状况】LC(无危)；国家二级保护野生动物。

徐永春 / 摄

王小平 / 摄

乌雕　鹰形目｜鹰科

【学　　名】*Clanga clanga*
【英 文 名】Greater Spotted Eagle
【别　　名】花雕

【形态特征】中型猛禽，体长 61~74 厘米。成鸟上体暗褐色，下体颜色较淡，尾上覆羽白色。亚成鸟和幼鸟体色较淡，背及翅上有许多灰白色斑点，又称芝麻雕。飞行时两翼平直，尾短而圆，翱翔时翅膀不上举成"V"字形，以此和其他雕类区别。虹膜褐色；嘴灰色；脚黄色。

【生态习性】旅鸟；栖息于低山丘陵和开阔平原地区的森林中，特别是河流、湖泊和沼泽地带的阔叶林和针叶林；主要以野兔、鼠类、野鸭、蛙、蜥蜴、鱼和鸟类等小型动物为食。

【居留状况】见于全国大部分地区，多为各地少见候鸟或旅鸟，迁徙季节相对易见。春秋两季鸟类迁徙期间在长岛域内偶见。

【保护状况】VU (易危)；国家一级保护野生动物。

顾晓军 / 摄

凤头蜂鹰　　鹰形目｜鹰科

【学　　名】*Pernis ptilorhynchus*

【英 文 名】Crested Honey Buzzard

【别　　名】蜂鹰

【形态特征】中型猛禽，体长 57~61 厘米。羽色变化较大。头侧具短而硬的鳞片状羽且较厚密，头后枕部通常具有短的羽冠。上体通常为黑褐色，头侧灰色，喉白色，具黑色中央纹，其余下体具淡红褐色和白色相间排列的横带和粗着的黑色中央纹。初级飞羽暗灰色，翼下飞羽白色或灰色，具黑色横带，尾灰色或白色，具黑色端斑，基部有两条黑色横带。虹膜橘黄色；嘴灰色；脚黄色。

【生态习性】旅鸟；栖息于针叶林、阔叶林，有时也到开阔村、城镇；多单只活动；可长时间滑翔伴随鸣叫；喜食蜜蜂、胡峰及其幼虫，被称为蜜鹰，也吃鼠、蛙、蜥蜴、鸟类和蛇类等。

【居留状况】繁殖于黑龙江至辽宁，迁徙经过包括新疆、青海、西藏在内的全国大部分地区，华南和台湾地区有少量越冬种群，在繁殖地及过境时期较常见。近年也发现凤头蜂鹰的居留型呈多元化（例如，东部也有繁殖和越冬个体记录，台湾有留鸟种群）。春秋两季鸟类迁徙期间在长岛域内常见。

【保护状况】LC(无危)；国家二级保护野生动物。

顾晓军 / 摄

秃 鹫 鹰形目 | 鹰科

【学　　名】*Aegypius monachus*
【英 文 名】Cinereous Vulture
【别　　名】狗头雕、坐山雕

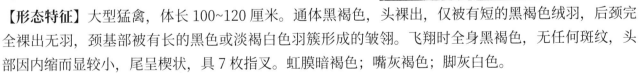

顾晓军 / 摄

【形态特征】大型猛禽，体长 100~120 厘米。通体黑褐色，头裸出，仅被有短的黑褐色绒羽，后颈完全裸出无羽，颈基部被有长的黑色或淡褐白色羽簇形成的皱翎。飞翔时全身黑褐色，无任何斑纹，头部因内缩而显较小，尾呈楔状，具 7 枚指叉。虹膜暗褐色；嘴灰褐色；脚灰白色。

【生态习性】留鸟；栖息于高山，成群或单独活动，能长时间翱翔；以大型动物和其他腐烂动物尸体为食；繁殖期 4~7 月，营巢于高大乔木或悬崖，窝卵数 1~2 枚，雌雄轮流孵化，雏鸟晚成，育雏期极长（3~4 个月）。

【居留状况】见于全国各地，西部较为常见，东北、华北通常冬季记录较多，华东及华南地区非常罕见。春秋两季鸟类迁徙期间在长岛域内偶见。

【保护状况】NT(近危)；国家一级保护野生动物。

秃鹫

秃鹫为国家一级保护野生动物。2020年12月，长岛保护区救助了一只受伤的秃鹫，后成功放飞，放飞后秃鹫连续两个月在放飞地栖息觅食。2021年3月末，这只秃鹫才恋恋不舍地飞离长岛。

顾晓军 / 摄

顾晓军 / 摄

顾晓军 / 摄

顾晓军 / 摄

顾晓军 / 摄

草原雕　　鹰形目｜鹰科

【学　　名】*Aquila nipalensis*

【英 文 名】Steppe Eagle

【别　　名】大花雕、角鹰

【形态特征】大型猛禽，体长 70~82 厘米。体色变化较大，成鸟通体土褐色，尾上覆羽棕白色，尾黑褐色，具不明显的淡色横斑和端斑。幼体色较淡，翅大覆羽和次级覆羽具棕白色端斑，在翅上形成两道明显的淡色横斑，翼下亦有宽阔的白色横带，尾上覆羽亦具有显著的半月形白斑，飞翔时极为醒目。虹膜褐色；嘴灰色；蜡膜黄色；脚黄色。

【生态习性】旅鸟；栖息于草原和荒漠地区，常长时间栖息于电线杆、孤立的树上和地上；主要以黄鼠、鼠兔、野兔、沙蜥、蛇和鸟等小型脊椎动物为食。

【居留状况】国内多分布于西部、东北部地区，为北部地区夏候鸟。近年来种群数量呈下降趋势。春秋两季鸟类迁徙期间在长岛域内罕见。

【保护状况】EN（濒危）；国家一级保护野生动物。

郭晋雄 / 摄

白肩雕　　鹰形目 | 鹰科

【学　　名】*Aquila heliaca*

【英 文 名】Eastern Imperial Eagle

【别　　名】白膀子、老雕

【形态特征】大型猛禽，体长68~84厘米。成鸟头部和后颈部羽色浅，呈棕褐色，肩部有明显白色羽区，与体羽对比明显，飞时两翅平举，呈浅"V"字形，尾长，飞行时尾羽夹紧不成伞形。幼鸟与亚成鸟色较淡，头顶黄褐色，背具黄褐色斑点。与金雕相似但有白色肩羽。虹膜红褐色；嘴灰蓝色；脚黄色。

【生态习性】旅鸟；栖息于山地混交林、阔叶林、草原和丘陵地区开阔原野；常单独活动，可长时间静立在树桩上；主要以啮齿类、草兔、雉鸡、野鸭、斑鸠等为食。

【居留状况】国内主要繁殖于西北地区，东北地区有极少数繁殖，迁徙时少见于东部地区，越冬于青藏高原东部、西南和华南地区。春秋两季鸟类迁徙期间在长岛域内罕见。

【保护状况】VU（易危）；国家一级保护野生动物。

秦锐明 / 摄

金 雕　鹰形目｜鹰科

李苞 / 摄

【学　　名】*Aquila chrysaetos*

【英 文 名】Golden Eagle

【别　　名】金鹫、老雕、洁白雕、鹫雕

【形态特征】大型猛禽，体长 78~93 厘米。体大强壮，身体黑褐色，颈具金色披针羽。幼鸟尾羽基部有大面积白色，翅下有白斑，成长过程白色区域逐渐变小。虹膜栗褐色；嘴基蓝灰色，端部黑色；脚黄色。

【生态习性】留鸟；栖息于高山草原、森林、湖泊周边开阔原野，喜停留在高山岩石峭壁或大树；主要捕食大型鸟类和中小型兽类；繁殖期 4~6 月，多在高大云杉、杨树或悬崖峭壁石坎或岩洞中筑巢，窝卵数 1~2 枚，雌鸟孵化，雄鸟警戒和捕食，雏鸟晚成。

【居留状况】广泛分布于国内除台湾、海南以外的大部分地区，多为各地少见留鸟或旅鸟。春秋两季鸟类迁徙期间在长岛域内罕见。

【保护状况】LC(无危)；国家一级保护野生动物。

顾晓军 / 摄

赤腹鹰 鹰形目｜鹰科

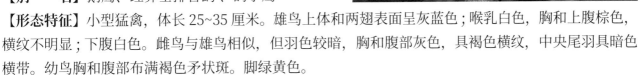

顾晓军 / 摄

【学　　名】*Accipiter soloensis*

【英 文 名】Chinese Sparrowhawk

【别　　名】鹅鹰、红鼻士排鲁鹞、鸽子鹰

【形态特征】小型猛禽，体长25~35厘米。雄鸟上体和两翅表面呈灰蓝色；喉乳白色，胸和上腹棕色，横纹不明显；下腹白色。雌鸟与雄鸟相似，但羽色较暗，胸和腹部灰色，具褐色横纹，中央尾羽具暗色横带。幼鸟胸和腹部布满褐色矛状斑。脚绿黄色。

【生态习性】夏候鸟；栖息于林缘、低山丘陵和村庄附近；常单独或成小群活动，休息时多停息在树木或电杆顶端；主要以蛙、蜥蜴、小鸟、鼠类等为食；繁殖期5~7月，窝卵数2~5枚，雌鸟孵卵，雏鸟晚成。

【居留状况】国内中、东部各地的常见繁殖鸟，海南可能有越冬种群。春秋两季鸟类迁徙期间在长岛域内常见。

【保护状况】LC(无危)；国家二级保护野生动物。

日本松雀鹰

　　每年的 9~10 月，在长岛大黑山岛鸟类环志站，可以观察到许多日本松雀鹰迁徙，它们借助海岛形成的上升热气流飞过海峡南下大陆。

顾晓军 / 摄

顾晓军 / 摄

顾晓军 / 摄

日本松雀鹰　　鹰形目｜鹰科

【学　　名】*Accipiter gularis*

【英 文 名】Janpanese Sparrowhawk

【形态特征】小型猛禽，体长23~30厘米。雄鸟上体深灰色，具颏纹，前颈纵纹稀疏，胸腹具棕色横纹，灰尾具深色横斑。雌鸟上体灰褐色，下体比雄鸟暗，具粗棕褐色横斑。虹膜亚成鸟黄色，成鸟红色；嘴蓝灰色且具黑端；脚黄绿色。

【生态习性】旅鸟；典型的森林猛禽，栖息于山地森林中；多单独活动，常在林缘上空捕食猎物；主要以小型鸟类为食，也吃昆虫、蜥蜴等。

【居留状况】繁殖于东北，迁徙经过东部地区，少量越冬于华南地区，包括台湾和海南。春秋两季鸟类迁徙期间在长岛域内常见。

【保护状况】LC(无危)；国家二级保护野生动物。

朱元 / 摄

松雀鹰　　鹰形目｜鹰科

【学　　名】*Accipiter virgatus*

【英 文 名】Besra

【别　　名】松子鹰、雀鹰

【形态特征】小型猛禽，体长 25~36 厘米。雌雄个体大小和羽色稍有不同。雄鸟额、头顶和枕均为石板黑色；眼先、耳羽和颈侧棕灰色；上体黑灰色，喉白色，喉中央具一条宽且显著的黑色中央纹；尾褐灰色，具四五道灰黑色横斑。雌鸟体形较大，头顶至枕黑褐色，后颈羽基部的白色较雄鸟多；上体和尾上覆羽褐色；下体白色，喉部纵纹较雄鸟稍宽，胸、腹、胁和覆腿羽具褐色横斑。嘴黑色，基部青黄色；蜡膜绿色；跗跖和趾淡黄色，爪黑色。

【生态习性】留鸟；多单独活动于林缘地带，冬季也到平原活动，停留树冠顶部伺机捕食小型鸟类。

【居留状况】中部、东部、西南、华南大部分地区及海南的常见留鸟，每年春秋季亦有少量个体迁徙或游荡至华北地区。春秋两季鸟类迁徙期间在长岛域内常见。

【保护状况】LC(无危)；国家二级保护野生动物。

徐永春 / 摄

雀 鹰　鹰形目 | 鹰科

【学　　名】*Accipiter nisus*

【英 文 名】Eurasian Sparrowhawk

【别　　名】鹞子、雀儿鹰

【形态特征】小型猛禽，体长 30~40 厘米，雌鸟较雄鸟略大。雄成鸟上体暗灰色，头顶、后颈色较深，额、眉白色，下体白色且具红褐色横纹。雌鸟上体褐色，下体灰白色且具褐色横纹。虹膜亮黄色；嘴角质色，具黑端；脚黄色。

【生态习性】夏候鸟；栖息于针叶林、混交林、阔叶林和林缘地带，常单独活动；善于从停歇处伏击猎物；繁殖期 5~7 月，乔木主干基部营巢，窝卵数 2~4 枚，雌鸟孵卵，雏鸟晚成。

【居留状况】广布于各地。繁殖于东北和西北地区，越冬于华北、华南、东南、西南等地。春秋两季鸟类迁徙期间在长岛域内常见。

【保护状况】LC(无危)；国家二级保护野生动物。

顾晓军 / 摄

顾晓军 / 摄

苍 鹰　　鹰形目｜鹰科

【学　　名】*Accipiter gentilis*

【英 文 名】Northern Goshawk

【别　　名】黄鹰

【形态特征】中型猛禽，体长 47~59 厘米。头顶、头侧和枕黑褐色，白色杂黑的眉纹明显，背部蓝灰色，胸腹密布灰褐色与白色相间横纹，尾灰褐色，具 4 条宽阔黑色横斑。飞行时翼下白色，密布黑褐色横斑。雌鸟明显大于雄鸟。亚成鸟上体褐色重，下体具黑色粗纵纹。虹膜黄色；嘴角质灰色；脚黄色。

【生态习性】夏候鸟；栖息于不同海拔针叶林、混交林和阔叶林；能在密林中快速穿行追逐猎物；主要食物为鸽类，但也捕食其他鸟类及哺乳动物，如野兔；繁殖期 4~6 月，营巢于高大乔木，窝卵数 2~4 枚，雌鸟孵卵，雏鸟晚成。

【居留状况】繁殖于东北、西北和西南部分地区，越冬于西北、东北、华北及南方多数地区。春秋两季鸟类迁徙期间在长岛域内常见。

【保护状况】LC（无危）；国家二级保护野生动物。

顾晓军 / 摄

刘毅 / 摄

白头鹞　　鹰形目｜鹰科

【学　　名】*Circus aeruginosus*

【英 文 名】Western Marsh Harrier

【形态特征】中型猛禽，体长43~55厘米。雄鸟体羽红棕色，头部棕白色且具黑褐色纵纹，翼中部银灰色，初级飞羽前端黑褐色，其余银灰色，尾灰褐色而长。雌鸟体形大，通体深褐色，尾无横斑，头顶深色纵纹少，腰浅色不明显。

【生态习性】夏候鸟；常见于开阔芦苇沼泽地带；喜低空滑行袭击地面猎物；以水禽、鸣禽和鼠类等为食；繁殖期5~7月，窝卵数4~5枚，雌鸟孵卵，雏鸟晚成。

【居留状况】分布于东北、华北、西北、西南及东南沿海。春秋两季鸟类迁徙期间在长岛域内常见。

【保护状况】LC(无危)；国家二级保护野生动物。

雄性 徐永春 / 摄

白尾鹞　　鹰形目 ｜ 鹰科

【学　　名】*Circus cyaneus*

【英 文 名】Hen Harrier

【别　　名】灰鹰、白尾鹞子

【形态特征】中型猛禽，体长 43~54 厘米。雄鸟灰色，从头至尾渐变浅，下体偏白，翼尖黑色。雌鸟颈侧具

雌性 徐永春 / 摄

项链状浅色斑纹，尾羽褐色且具黑褐色横斑，尾基部白色。虹膜浅褐色；嘴灰色；脚黄色。

【生态习性】冬候鸟；喜开阔原野、草地和农田；常沿地面低空飞行寻找猎物，以小型鸟类、啮齿类、两栖类等为食；繁殖期 4~7 月，在地面筑巢，窝卵数 4~5 枚，雌鸟孵卵，雄鸟与雌鸟共同育雏，雏鸟晚成。

【居留状况】繁殖于东北、华北地区，近年来有记录罕见于新疆北部，迁徙经华北、华南、华东等地，越冬于南方广大地区。春秋两季鸟类迁徙期间在长岛域内偶见。

【保护状况】LC(无危)；国家二级保护野生动物。

徐永春 / 摄

白腹鹞 鹰形目｜鹰科

【学　　名】*Circus spilonotus*

【英 文 名】Eastern Marsh Harrier

【别　　名】泽鹞、白尾巴根子

【形态特征】中型猛禽，体长48~58厘米。雄鸟头、背部黑灰色，头、颈具深色纵纹，腹羽及尾下覆羽白色，初级飞羽黑色。雌鸟似白尾鹞，区别在于尾上覆羽，耳后无浅色项链斑纹。虹膜黄色；嘴灰黑色；脚黄色。

【生态习性】旅鸟；栖息于沼泽、芦苇塘、江河、湖泊沿岸湿润而开阔的地方，栖息时多在地上或土堆上，不喜栖息在高处；主要以小鸟、鼠类、蛙类、蜥蜴、昆虫等为食。

【居留状况】国内繁殖于东北、华北地区，近年来有记录罕见于新疆北部，迁徙经华北、华南、华东等地，越冬于南方广大地区。春秋两季鸟类迁徙期间在长岛域内偶见。

【保护状况】LC(无危)；国家二级保护野生动物。

【拍摄时间、地点】2020 年 9 月 17 日 9:41，拍摄于长岛的北隍城岛。

雄性 陈云江 / 摄

雌性 陈云江 / 摄

乌灰鹞　　鹰形目｜鹰科

【学　　名】*Circus pygargus*
【英 文 名】Montagu's Harrier
【形态特征】中型猛禽，体长 39~50 厘米。雄鸟上体蓝灰色，下体白色且具显著棕色纵纹，翼尖黑色；翼背具一条、腹面具两条黑色带区别于白尾鹞和草原鹞。雌鸟上体褐色，下体皮黄色且具棕褐粗纵纹。虹膜黄色；嘴、脚黄色。
【生态习性】冬候鸟；栖息于开阔丘陵、平原、河谷、林缘等多种生境；单独低空滑翔伺机捕捉地面鼠类、蜥蜴、小鸟等。
【居留状况】新疆西北部少见的繁殖鸟，迁徙和冬季偶见于山东、江苏、福建、广东。春秋两季鸟类迁徙期间在长岛域内偶见。
【保护状况】LC(无危)；国家二级保护野生动物。

草原鹞 鹰形目 | 鹰科

【学　名】*Circus macrourus*

【英 文 名】Pallid Harrier

【别　名】草原鹰、白尾鹞、泽鹞、泽鸶

【形态特征】中型猛禽，体长 40~50 厘米。雄鸟上体暗灰色，下体白色，喉部白色，仅前几枚初级飞羽，尾端黑色。雌鸟褐色，尾上覆羽白色，次级飞羽色深。虹膜黄色；喙浅灰色；脚黄色。

【生态习性】活动于沼泽和耕地，也见于山麓丘陵地带的草原和水域附近荒漠。

陈云江 / 摄

【居留状况】新疆西北部罕见的繁殖鸟，近十年来数量下降明显。在新疆（南部）、天津、河北、内蒙古、宁夏、西藏（南部）、四川、重庆、江西、江苏、广西和海南为偶见旅鸟或冬候鸟。春秋两季鸟类迁徙期间在长岛域内偶见。

【保护状况】NT(近危)；国家二级保护野生动物。

雄性 王小平 / 摄

雄性 徐永春 / 摄

鹊 鹞 鹰形目 | 鹰科

【学　名】*Circus melanoleucos*

【英 文 名】Pied Harrier

【别　名】喜鹊鹞、喜鹊鹰

【形态特征】中型猛禽，体长 43~50 厘米。雄鸟头、颈、胸部黑色，背灰色，腹部白色，飞行翼上可见条形黑斑，翼尖黑色。雌鸟上体灰褐色，飞行时翼上可见褐色条斑，翼尖褐色，尾灰色且具深色横斑。虹膜黄褐色；嘴灰色；脚黄色。

【生态习性】旅鸟；栖息于开阔河谷、沼泽、农田等多种生境；通常单独低空滑翔捕食小鸟、鼠类、蛙类等小型动物。

【居留状况】国内繁殖于东北、华北地区，迁徙经华北、华南、华东等地，越冬于南方广大地区。春秋两季鸟类迁徙期间在长岛域内偶见。

【保护状况】LC(无危)；国家二级保护野生动物。

顾晓军 / 摄

白尾海雕　　鹰形目｜鹰科

【学　　名】*Haliaeetus albicilla*

【英 文 名】White-tailed Eagle

【别　　名】白尾雕、黄嘴雕、芝麻雕

【形态特征】大型猛禽，体长 74~92 厘米。成鸟头部、上胸具浅褐色披针状羽毛，白色楔形尾。幼鸟嘴黑褐色，具不规则浅色点斑。虹膜成鸟黄色，亚成鸟褐色；嘴、脚黄色。

【生态习性】留鸟；栖息活动于湖泊、河流、海岸、岛屿及河口地区，繁殖于欧亚大陆北部和格陵兰岛，繁殖期间尤喜有高大树木的水域或森林地区的开阔湖泊与河流地带，越冬于朝鲜、日本、印度、地中海和非洲西北部；主要捕食鸥鸟等水禽和小动物。

【居留状况】国内繁殖于东北、西北地区；越冬范围较广，从华北至西南地区都有越冬个体。长岛域内罕见。

【保护状况】LC(无危)；国家一级保护野生动物。

徐永春 / 摄

王小平 / 摄

灰脸鵟鹰　　鹰形目｜鹰科

【学　　名】*Butastur indicus*

【英 文 名】Grey-faced Buzzard

【别　　名】屎鹰

【形态特征】中型猛禽，体长 39~48 厘米。脸部灰色，具白色眉纹，喉白色且具深色喉中线。上体暗棕褐色，翅上覆羽棕褐色。尾羽灰褐色。

【生态习性】旅鸟；栖息于阔叶林、针阔叶混交林以及针叶林；喜从栖处俯冲捕食，以小型蛇类、蛙类、鼠类、野兔和小鸟等为食。

【居留状况】繁殖于东北地区，迁徙经华北、华中、华东和西南地区，越冬于华南地区，包括台湾和海南。春秋两季鸟类迁徙期间在长岛域内偶见。

【保护状况】LC(无危)；国家二级保护野生动物。

李峰 / 摄

徐永春 / 摄

毛脚鵟　　鹰形目｜鹰科

【学　　名】*Buteo lagopus*

【英 文 名】Rough-legged Buzzard

【别　　名】老鹰、白豹

【形态特征】中型猛禽，体长 45~62 厘米。与普通鵟体形相似但稍大，翅膀相对狭长，头、颈、上背均为白色，周身羽毛黑白对比醒目，靠尾羽端部具深色条带为其重要特征，飞行时很显眼。虹膜黄色；嘴铅灰色；跗跖被羽；脚黄色。

【生态习性】冬候鸟；耐寒苔原针叶林鸟类；冬季栖息于平原、丘陵、耕地等开阔地带；主要以小型啮齿类动物和小型鸟类为食。

【居留状况】东北、华北等地的不常见冬候鸟，偶有少数个体越冬于华南地区。春秋两季鸟类迁徙期间在长岛域内常见。

【保护状况】LC(无危)；国家二级保护野生动物。

顾晓军／摄

大鵟　鹰形目｜鹰科

【学　　名】*Buteo hemilasius*
【英 文 名】Upland Buzzard
【别　　名】花豹、老鹰、大豹
【形态特征】大型猛禽，体长 57~67 厘米。体羽褐色、黑褐色均有，头顶和颈后色浅。下体深色部分接近下腹部，深色部分在下体中央断开。翼下覆羽与飞羽对比清晰。腿被羽长，介于毛脚鵟和普通鵟之间。虹膜黄色；嘴蓝灰色；脚黄色。
【生态习性】旅鸟或冬候鸟；栖息于山脚平原、高山林缘、开阔山地草原和荒漠地带；平时常单独或成小群活动；主要以黄鼠、鼠兔、旱獭、野兔、雉鸡甚至家畜为食。
【居留状况】国内广泛分布于东北、西北、华北、西南等地，为各地较常见候鸟或留鸟，在华南、华东地区为较少见冬候鸟。春秋两季鸟类迁徙期间在长岛域内常见。
【保护状况】LC(无危)；国家二级保护野生动物。

顾晓军 / 摄

普通鵟　鹰形目｜鹰科

顾晓军 / 摄

【学　　名】*Buteo japonicus*

【英 文 名】Eastern Buzzard

【别　　名】老鹰、鸽虎、鸡姆鹞、土豹

【形态特征】中型猛禽，体长 42~54 厘米。体色变化大，上体主要为暗褐色，下体暗褐色和淡褐色，具深棕色纵纹，尾具多道暗色横斑，翼下初级飞羽基部白色，腕斑深褐色明显，跗跖无被羽，尾呈扇形。虹膜黄色至褐色；嘴灰色且具黑端；脚黄色。

【生态习性】旅鸟；常在开阔平原、荒漠、旷野、农耕区、林缘草地和村庄上空盘旋；多单独活动；主要以鼠类、蜥蜴、野兔、小鸟等为食。

【居留状况】国内广泛分布于东部地区。在东北地区为夏候鸟，在华南、华东地区为冬候鸟，迁徙时常见于东部各地。春秋两季鸟类迁徙期间在长岛域内常见。

【保护状况】LC(无危)；国家二级保护野生动物。

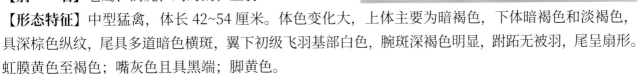

顾晓军 / 摄

顾晓军 / 摄

顾晓军 / 摄

黑 鸢　鹰形目｜鹰科

【学　　名】*Milvus migrans*

【英 文 名】Black Kite

【别　　名】鸢

【形态特征】中型猛禽，体长 54~66 厘米。雌雄相似，雌性较大。眼后至耳部黑褐明显，故又称黑耳鸢。上体暗褐色，下体棕褐色，均具黑褐色羽干纹，尾较长，呈叉状，具宽度相等的黑色和褐色相间排列的横斑；飞翔时翼下左右各有一大块的白斑。虹膜棕色；嘴灰黑色；脚土黄色。

【生态习性】留鸟；栖息于开阔平原、草地、荒原和低山丘陵地带；喜停歇于树桩、电杆；主要以鼠类、小型鸟类、两爬类和昆虫等为食，有时在旅游区垃圾堆寻找食物；繁殖期 4~7 月，在高大乔木或峭壁营巢，窝卵数 2 枚，雌雄共同孵卵育雏，雏鸟晚成。

【居留状况】广布于全国大部分地区。春秋两季鸟类迁徙期间在长岛域内常见。

【保护状况】LC(无危)；国家二级保护野生动物。

徐永春 / 摄

白腹隼雕 鹰形目｜鹰科

【学　　名】*Aquila fasciata*

【英 文 名】Bonelli's Eagle

【别　　名】白腹山雕

【形态特征】大型猛禽，体长55~67厘米。上体暗褐色，头部皮黄色且具深色纵纹，脸侧略暗。翼尖深色，两翼及尾具细小横斑，剪影特征为两翼宽圆而略短，尾形长。成鸟尾部色浅并具黑色端带；翼下覆羽色深，具浅色的前缘；胸部色浅而具深色纵纹。成鸟飞行时上背具白色块斑；幼鸟翼具黑色后缘，沿大覆羽有深色横纹，其余覆羽色浅，飞行时两翼平端。虹膜黄褐色；嘴灰色；蜡膜黄色；脚黄色。

【生态习性】迷鸟；栖息于低山丘陵、多悬崖山地森林；常单独翱翔于高空，或低空高速滑翔；大胆而凶猛；以鸟类、小型哺乳动物和爬行动物为食。

【居留状况】长江以南各地及海南的少见留鸟，秋冬季部分幼鸟会往北方游荡，最北记录于辽宁旅顺（老铁山）。春秋两季鸟类迁徙期间在长岛域内罕见。

【保护状况】LC(无危)；国家二级保护野生动物。

【拍摄时间、地点】2017年5月7日14:48，拍摄于长岛的北隍城岛。

徐永春 / 摄

短趾雕　　鹰形目｜鹰科

【学　　名】*Circaetus gallicus*

【英 文 名】Short-toed Snake Eagle

【别　　名】短趾蛇雕

【形态特征】大型猛禽，体长 60~70 厘米。上体灰褐色，下体白色而具深色纵纹，喉及胸单一褐色，腹部具不明显的横斑，尾具不明显的宽阔横斑。亚成鸟较成鸟色浅。飞行时覆羽及飞羽上长而宽的纵纹极具特色。虹膜黄色；嘴黑色；蜡膜灰色；脚偏绿。

【生态习性】旅鸟；栖息于林缘及次生灌丛，常单独活动，善在空中盘旋和滑翔，常停在空中振羽，似巨大的红隼；主要以各种蛇类为食，也吃蜥蜴、蛙等其他动物。

【居留状况】繁殖于包括新疆天山在内的西北地区，迁徙时少见于北方、华中至西南多地。春秋两季鸟类迁徙期间在长岛域内罕见。

【保护状况】LC(无危)；国家二级保护野生动物。

【拍摄时间、地点】2012 年 10 月 14 日 9:33，拍摄于长岛的北隍城岛。

徐永春 / 摄

靴隼雕　　鹰形目｜鹰科

【学　　名】*Hieraaetus pennatus*

【英 文 名】Booted Eagle

【别　　名】靴雕、靴隼鹏

【形态特征】中型猛禽，体长 42~51 厘米。尾方形，较长。体色有两种色型：淡色型上体暗土褐色或棕褐色，下体白色，与黑色飞羽形成鲜明对比，飞翔时从下面看通体白色，仅翼后缘和翼尖黑色，尾棕色，极为醒目；暗色型除尾为淡色外，通体暗褐色，特征亦明显，滑翔时两翼朝前举，翼角向后弯曲，呈半折叠状，翼不是完全伸直，明显不同于其他雕类。虹膜褐色；嘴近黑色；蜡膜黄色；脚黄色。

【生态习性】旅鸟；栖息于山地和平原森林地带。主要通过隐蔽在林中，猎物出现时突然袭击进行捕食。以啮齿动物、野兔、小型鸟类、爬行类为食。

【居留状况】繁殖期少见于新疆南北部中低海拔的林区，迁徙期或冬季偶见于东北、内蒙古、华北、华中至西南地区。春秋两季鸟类迁徙期间在长岛域内偶见。

【保护状况】LC(无危)；国家二级保护野生动物。

【拍摄时间、地点】2019 年 8 月 20 日 9:03，拍摄于长岛的北隍城岛。

鹤形目

　　鹤形目分为秧鸡科和鹤科。秧鸡科鸟类多为小型涉禽，脚爪较长，能涉水活动。鹤科为大中型涉禽，嘴型较长，翅型短圆，脚长而有力；主要栖息于开阔的沼泽、湖泊或者农田中，但有些种类也栖息于草地灌丛、草原或沙地等环境中。该目鸟类大都可以进行较长距离的迁徙。鹤形目鸟类繁殖期多成对活动；非繁殖期则常集群活动；主要食植物嫩芽、种子等植食性食物，有时也会取食一些水生或陆生昆虫，以及一些小型脊椎动物。该目鸟类分布较广，分布于世界各地。鹤类的后趾退化，不能握枝，不栖树，所以通常以枯枝及草茎筑巢于浅水地带草丛中。

王小平 / 摄

花田鸡　　鹤形目 | 秧鸡科

【学　　名】*Coturnicops exquisitus*

【英 文 名】Swinhoe's Rail

【形态特征】中国最小的田鸡, 体长 12~14 厘米。雌雄相似。上体褐色, 具黑色纵纹和白色横斑, 喉白色, 两胁和尾下覆羽褐色并具白色横斑, 飞行时白色次级飞羽和黑色初级飞羽明显。虹膜褐色; 嘴暗黄色; 脚黄色。

【生态习性】旅鸟; 栖息于湿草地和沼泽地带; 多在晨昏活动, 性极隐蔽; 主要以水生昆虫、甲壳类和水藻为食。

【居留状况】繁殖于东北, 迁徙经华北、西南地区至长江中下游和华南越冬。少见。长岛域内偶见。

【保护状况】VU(易危); 国家二级保护野生动物。

王小平／摄

普通秧鸡　鹤形目｜秧鸡科

【学　　名】*Rallus indicus*

【英 文 名】Brown-cheeked Rail

【别　　名】秧鸡子

【形态特征】小型涉禽，体长 23~29 厘米。雌雄相似，眉纹灰褐色，头顶、眼线黑褐色，喉灰褐色，上体暗褐色且具黑色纵纹，两胁和尾下覆羽具黑白色横斑。虹膜红色；嘴红色至黑色；脚红色。

【生态习性】夏候鸟；栖息于沼泽、水塘、河流、湖泊等水域边缘灌草丛和水稻田；单独活动，机警而隐秘，能快速奔跑；杂食性，以小鱼、甲壳类、蚯蚓、陆生和水生昆虫及其幼虫为食；繁殖期 5~7 月，单配制，在地面筑巢，窝卵数 6~9 枚，同步孵化，双亲孵化和育雏，雏鸟早成。

【居留状况】地方性常见，分布于东北、华北、华东、华中和甘肃、青海、宁夏以及南方绝大多数地区，包括香港和台湾。北方的种群多为夏候鸟，繁殖期后南迁越冬。长岛域内偶见。

【保护状况】LC(无危)。

丰淑亮 / 摄

小田鸡　　鹤形目 | 秧鸡科

【学　　名】*Zapornia pusilla*

【英 文 名】Baillon's Crake

【别　　名】田鸡子、小秧鸡

【形态特征】小型涉禽，体长 15~20 厘米。雌雄相似，脸至上胸灰色，过眼纹褐色，肩背具明显斑点，下腹具白色和黑褐色横斑，嘴基红色。虹膜红色；嘴、脚偏绿色。

【生态习性】夏候鸟；栖息于沼泽型湖泊及多草沼泽地带；单独活动，胆怯而善藏匿，可在浮水植物上快速行走；繁殖期 5~7 月，在地面筑巢，窝卵数 8~10 枚，双亲共同孵化，雏鸟早成。

【居留状况】繁殖于东北至西北地区，迁徙时少见于我国大部分地区，少量越冬于西南和东南地区。长岛域内偶见。

【保护状况】LC(无危)。

孙克信 / 摄

红胸田鸡　　鹤形目｜秧鸡科

【学　　名】*Zapornia fusca*

【英 文 名】Ruddy-breasted Crake

【别　　名】田鸡子

【形态特征】小型涉禽，体长 19~23 厘米。雌雄相似，颏喉白色，下腹两胁暗灰褐色。头顶、头侧及胸部栗红色，枕部至腰深橄榄褐色，下腹具白色细横纹。虹膜红色；嘴灰褐色；脚红色。

【生态习性】夏候鸟；栖息于沼泽、水塘、稻田、湖滨草丛与灌丛；单独活动，性胆怯，善奔跑、隐藏；杂食性；繁殖期 3~7 月，灌草丛地面营巢，窝卵数 5~9 枚，同步孵化，双亲共同孵卵育雏，雏鸟早成。

【居留状况】繁殖于东北至中东部大部地区，迁徙经西南至中东部，于台湾为留鸟，地方性常见。长岛域内偶见。

【保护状况】LC(无危)。

雄性 孙克信 / 摄

雌性 孙克信 / 摄

斑胁田鸡　　鹤形目 | 秧鸡科

【学　　名】*Zapornia paykullii*

【英 文 名】Band-bellied Crake

【形态特征】小型涉禽，体长 22~27 厘米。雌雄相似，颏喉白色，头侧及胸部浅栗红色，下胸、腹部及尾下近黑色并具白色横斑，翼上具细密横纹有别于红胸田鸡。虹膜红色；嘴红褐色；脚红色。

【生态习性】夏候鸟；栖息于沼泽、稻田、湖泊、水库和溪流两岸水草丛；单独活动，性隐匿，善行走，夜行性；主要以昆虫、甲壳类和蜗牛等小型无脊椎动物为食。

【居留状况】繁殖于东北和华北，迁徙经华中、华东至西南、华南，罕见，偶至台湾。长岛域内偶见。

【保护状况】NT(近危)；国家二级保护野生动物。

王小平/摄

白胸苦恶鸟　　鹤形目｜秧鸡科

【学　　名】*Amaurornis phoenicurus*

【英 文 名】White-breasted Waterhen

【别　　名】苦恶婆

【形态特征】中型涉禽，体长28~33厘米，体形略大。头顶及上体灰色，脸、额、胸及上腹部白色，下腹及尾下棕色。虹膜红色；嘴偏绿，嘴基红色；脚黄色。

【生态习性】夏候鸟；栖息于杂草丛生的河流、湖泊、池塘边缘等湿地生境；晨昏活动，敏捷机警，善奔走；以小型水生动物以及植物种子为食；繁殖期4~7月，在地面筑巢，窝卵数4~10枚，双亲共同孵卵育雏，雏鸟早成。

【居留状况】常见留鸟或候鸟，分布于西南、华中、华东和华南地区，包括海南和台湾，西北、华北和东北部分地区也有分布，但数量不及南方。长岛域内偶见。

【保护状况】LC(无危)。

王小平／摄

董 鸡   鹤形目｜秧鸡科

【学　　名】*Gallicrex cinerea*

【英 文 名】Watercock

【别　　名】秧鸡

【形态特征】中型涉禽，体长 40~43 厘米。雄鸟繁殖期通体黑色，具凸出的红色角状额甲。雌鸟体形小，上体褐色，具浅褐色羽缘，下体具细密横纹。虹膜褐色；嘴黄绿色；脚绿色。

【生态习性】夏候鸟；栖息于芦苇沼泽、稻田、湖边草丛等湿地生境；单独活动，性机警，行走时翘尾点头；杂食性。

【居留状况】在我国为广布的夏候鸟，除西北地区外均有繁殖记录，但并不易见。长岛域内偶见。

【保护状况】LC(无危)。

顾晓军 / 摄

顾晓军 / 摄

黑水鸡　　鹤形目｜秧鸡科

【学　　名】*Gallinula chloropus*

【英 文 名】Common Moorhen

【别　　名】鷭、江鸡、红骨顶

【形态特征】中型水禽，体长 30~38 厘米。成鸟额甲亮红色，体羽青黑色，仅两胁有白色细纹，尾下有两块醒目白斑。幼鸟全身灰褐色，脸颊至下体色浅。虹膜红色；嘴基红色而端黄色；脚绿色。

【生态习性】留鸟；栖息于富有挺水植物的淡水湿地及稻田；单独活动，不甚惧人，泳姿优雅，善行走浮水植物之上；杂食性；繁殖期 5~7 月，苇草丛营巢，窝卵数 6~10 枚，同步孵化，雌雄轮流，雏鸟早成。

【居留状况】分布于我国绝大多数地区，广布而常见，长江以北的种群主要为夏候鸟，冬季南迁。长江以南多为留鸟，但也会随着气候和食物的变化进行短距离迁移。长岛域内常见。

【保护状况】LC(无危)。

王小平／摄

白骨顶　　鹤形目｜秧鸡科

【学　　名】*Fulica atra*

【英 文 名】Eurasian Coot

【别　　名】白冠鸡、骨顶鸡

【形态特征】中型水禽，体长 36~39 厘米。体大嘴短，脚趾上有瓣蹼，具鲜明的白色嘴及额甲，整个体羽深黑色，仅飞行时可见翼上狭窄的近白色边缘。虹膜红色；嘴乳白色；脚绿色。

【生态习性】夏候鸟或留鸟；成群栖息于富有挺水植物的开阔水域；善游泳和潜水，为秧鸡科最不惧人者；植食性为主；繁殖期 5~7 月，水面芦苇、蒲草丛营巢，窝卵数 7~12 枚，雌雄轮流孵化，雏鸟早成。

【居留状况】分布于我国绝大多数地区，广布而常见，长江以北的种群主要为夏候鸟，冬季南迁。长江以南多为留鸟，但也会随着气候和食物的变化进行短距离迁移。长岛域内常见。

【保护状况】LC(无危)。

顾晓军 / 摄

白 鹤　鹤形目 | 鹤科

顾晓军 / 摄

【学　　名】*Leucogeranus leucogeranus*

【英 文 名】Siberian Crane

【别　　名】西伯利亚鹤、修女鹤、雪鹤

【形态特征】大型涉禽，体长 125~140 厘米。通体白色，脸上裸皮猩红，飞行时黑色初级飞羽明显。幼鸟金棕色。虹膜黄色；嘴、脚暗红色。

【生态习性】旅鸟；冬季成家族群或大群栖息于开阔的沼泽、湖泊、海滨等湿地；迁飞队形呈"一"字形或"人"字形，起飞降落时常发出高亢的鸣叫；机警惧人，难以接近；植食性为主。

【居留状况】少见的冬候鸟和旅鸟，除了已知的越冬地和迁徙停歇地外都不易见到。迁徙时经过东北和华北，中途只在几个大型湿地短暂停栖，补充能量；主要越冬于长江中游，最大的越冬种群位于江西鄱阳湖，少量越冬于长江下游至东南、华南地区，迷鸟至台湾。长岛域内偶见。

【保护状况】CR(极危)；国家一级保护野生动物。

王小平 / 摄

顾晓军 / 摄

丹顶鹤　　鹤形目 | 鹤科

【学　　名】*Grus japonensis*

【英 文 名】Red-crowned Crane

【别　　名】仙鹤、红冠鹤

【形态特征】大型涉禽，体长 138~152 厘米。通体白色，头顶裸露红色皮肤，喉部和颈部黑色，耳后具宽白色延至脑后，次级和三级飞羽黑色，其余体羽白色，对比鲜明。虹膜褐色；嘴灰绿色；脚黑色。

【生态习性】旅鸟；栖息于开阔的平原沼泽、湖泊、海边滩涂、海滨、农田等生境；迁飞队形呈"一"字形或"人"字形，飞行姿态缓慢优雅；冬季成群活动，觅食多以家族群为单位；性机警；杂食性。

【居留状况】少见的候鸟。繁殖于我国东北和内蒙古锡林郭勒，越冬于黄河三角洲和江苏盐城，迁徙经东北、华北，非繁殖期偶尔游荡至东南和华南地区及台湾。长岛域内偶见。

【保护状况】EN(濒危)；国家一级保护野生动物。

顾晓军 / 摄

顾晓军 / 摄

灰 鹤　鹤形目│鹤科

【学　　名】*Grus grus*

【英 文 名】Common Crane

【别　　名】灰灵鹤、鹤、咕噜雁、番薯鹤

【形态特征】大型涉禽，体长 95~125 厘米，体形中等。头顶前后部黑色，中心红色，头及颈青黑色，白眼后具一道宽的白色条纹伸至颈背，体羽余部灰色，初级飞羽和次级飞羽均呈深灰色。幼鸟头顶和颈前浅棕黄色。虹膜橘黄色，眼后具一小块白斑；嘴污绿色，嘴端偏黄；脚黑灰色。

【生态习性】旅鸟；栖息于开阔平原、草地、沼泽、河滩、湖泊以及农田，尤喜富有水生植物的开阔湖泊和沼泽地带；迁飞队形呈"V"字形，飞行时常鸣叫；冬季成数百只至上千只的大群；性机警；杂食性。

【居留状况】常见候鸟，繁殖于我国东北、西北，越冬于华北、华中和西南的大部地区，偶至华东和华南地区及台湾。长岛域内常见。

【保护状况】LC(无危)；国家二级保护野生动物。

丰淑亮 / 摄

顾晓军 / 摄

 新增 XIN ZENG

白头鹤　　鹤形目｜鹤科

【学　　名】*Grus monacha*

【英 文 名】Hooded Crane

【别　　名】锅鹤、玄鹤、修女鹤

【形态特征】大型涉禽，体长 91~100 厘米。头、颈大部分白色，额于眼先密生黑须羽，头顶前裸部朱红色，余部灰黑色，飞羽黑色。虹膜暗红色；嘴黄绿色；脚灰黑色。

【生态习性】旅鸟；栖息于河流、湖泊的岸边泥滩、沼泽和芦苇沼泽及湿草地中；主要以甲壳类、小鱼、软体动物、多足类以及直翅目、蜻蜓目等昆虫和幼虫为食，也吃或薹草、眼子菜等植物嫩叶。

【居留状况】不常见的候鸟。少量繁殖于我国东北和内蒙古锡林郭勒，冬季南迁至华北、华中和东部地区，偶至台湾。长岛域内偶见。

【保护状况】VU(易危)；国家一级保护野生动物。

【拍摄时间、地点】2022 年 03 月 28 日 11:21，拍摄于长岛的北隍城岛。

顾晓军 / 摄

白枕鹤　　鹤形目｜鹤科

【学　　名】*Antigone vipio*

【英 文 名】White-naped Crane

【别　　名】红面鹤、白顶鹤、土鹤

【形态特征】大型涉禽，体长 120~153 厘米。体羽总体灰色，额、脸颊裸露部分赤红色，耳羽灰色，喉、前颈上部、枕至后枕部白色，初级飞羽黑色，次级飞羽灰色，三级飞羽白色，翼上覆羽淡灰色。亚成体枕部和上体土黄色。虹膜褐色；嘴黄绿色；脚绯红色。

【生态习性】旅鸟；繁殖于三江平原开阔的芦苇沼泽地带，越冬在江西鄱阳湖等地；常在农耕地觅食，主要以植物种子、嫩芽、谷粒为食，也吃鱼、蛙、蜥蜴、软体动物和昆虫。

【居留状况】不常见的候鸟和旅鸟。繁殖于黑龙江（北部）、吉林、内蒙古（东部）和辽宁，迁徙经东北和华北地区，越冬于长江中下游的湿地，偶见于东南沿海和台湾。长岛域内偶见。

【保护状况】VU(易危)；国家一级保护野生动物。

【拍摄时间、地点】2018 年 10 月 24 日 15:53，拍摄于长岛的北隍城岛。

顾晓军 / 摄

鸻形目

鸻形目鸟类为中小型涉禽，嘴型和翅型多样，变化较大，尾型多为短圆形。鸻形目鸟类主要栖息于河流、湖泊、海滨、潮间带、沼泽等生境的浅水区域；大多类群的飞行能力较强，可以做长距离迁徙；食物以鱼、虾、水生昆虫和软体动物等为主，个别种类食植物。该目鸟类分布较广，除南北两极外，广布于全世界。

蛎鹬　鸻形目 | 蛎鹬科

【学　　名】*Haematopus ostralegus*
【英 文 名】Eurasian Oystercatcher
【别　　名】海喜鹊
【形态特征】中型涉禽，体长 40~48 厘米。头、颈、胸和整个上体黑色，胸以下白色。虹膜、嘴、脚红色。
【生态习性】旅鸟；栖息于海滨、河口、沼泽地带；迁徙或越冬可集大群；以甲壳类、软体动物等为食，觅食时沿海滩缓慢行走，将喙插入泥沙探寻，常以錾形嘴撬开贝类取食；繁殖期 5~7 月，地面巢简陋，窝卵数 2~4 枚，雏鸟早成。
【居留状况】繁殖于东北和华北地区，东部沿海岛屿有少量繁殖记录，黄海、东海、南海沿岸普遍有越冬记录，较常见，长江中下游湿地也偶有记录。春季在长岛无人岛礁上繁衍后代，长岛域内常见。
【保护状况】NT(近危)。

顾晓军 / 摄　　顾晓军 / 摄　　顾晓军 / 摄　　臧红专 / 摄　　顾晓军 / 摄　　顾晓军 / 摄

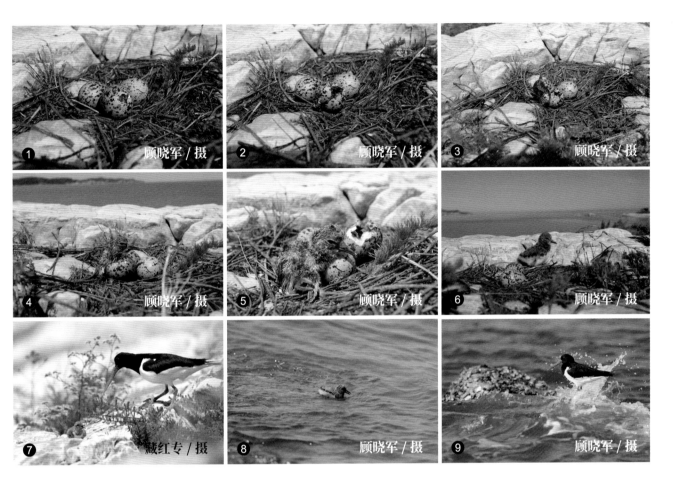

砺鹬出世（2017 年中国摄影师首次用照相机完整记录砺鹬雏鸟破壳的全过程）

　　由于砺鹬选择筑巢的地方都是无居民岛，且卵和巢的颜色与周边环境极为相近，故很难被人发现。之前，还没有国内摄影师用图片记录砺鹬破壳的全过程。

　　2017 年 6 月的一天，自然影像中国摄影师在长岛的钓鱼岛发现一处砺鹬巢，为了确保鸟儿安全，摄影师从当天上午的第一枚蛋有裂孔开始，每隔约半个小时拍摄一次，历时三个多小时，小雏鸟终于破壳成功。

　　图①至图⑤：雏鸟破壳的全过程。

　　图⑥：风吹干了雏鸟的羽毛。

　　图⑦：雏鸟和鸟妈妈在一起。

　　图⑧：破壳的当天，小雏鸟即可下水游泳。

　　图⑨：鸟妈妈在礁石间寻找可口的牡蛎喂养雏鸟。

顾晓军 / 摄

顾晓军 / 摄

黑翅长脚鹬　　鸻形目｜反嘴鹬科

【学　　名】*Himantopus himantopus*

【英 文 名】Black-winged Stilt

【别　　名】黑翅高跷、高跷鸻

【形态特征】中型涉禽，体长 35~40 厘米。雄鸟繁殖羽头顶、背、两翅黑色，余部白色，腿特别长。雌鸟似雄鸟，黑色少。虹膜粉红色；嘴黑色；脚粉红色。

【生态习性】旅鸟；栖息于内陆、沿海各类湿地；冬季可形成数十只的群体，常集体急速低飞并频繁转换方向和队形；觅食时低头翘尾，肉食性。

【居留状况】繁殖于东北、西北及华北地区，迁徙经全国各地，越冬于华南地区。长岛域内常见。

【保护状况】LC(无危)。

顾晓军 / 摄

顾晓军 / 摄

顾晓军 / 摄

反嘴鹬　　鸻形目 | 反嘴鹬科

【学　　名】*Recurvirostra avosetta*

【英 文 名】Pied Avocet

【别　　名】反嘴鹬、翘嘴水扎

【形态特征】中型涉禽，体长 42~45 厘米。黑色的嘴细长而上翘。头顶从前额至后颈黑色，翼尖和翼上及肩部具两条黑色带斑，其余体羽白色。飞行时从下面看体羽全白，仅翼尖黑色。虹膜褐色；嘴黑色；脚蓝灰色。

【生态习性】旅鸟；栖息于内陆和沿海湿地；冬季可形成数十只、数百只甚至数千只的大群，常在水面上空展示表演式集体飞行；肉食性，觅食时左右摆动头部扫过水面，头部也常没入水中觅食。

【居留状况】除东北北部和青藏高原外，全国均可见到。繁殖于西北和东北西部，越冬于长江中下游及以南地区，迁徙经全国大部分地区，普遍易见。长岛域内常见。

【保护状况】LC(无危)。

王小平 / 摄

凤头麦鸡　鸻形目 | 鸻科

【学　　名】*Vanellus vanellus*

【英 文 名】Northern Lapwing

【别　　名】小辫鸻、田鸡

【形态特征】中型涉禽，体长28~31厘米。头顶、前颈、胸黑色，具特征性上翘黑色羽冠，背墨绿色闪辉，飞羽黑色，下体白色，尾羽具宽大次端斑。

【生态习性】旅鸟；常在松散群体活动于近水耕地、矮草地或滩涂；飞行缓慢；杂食性。

【居留状况】繁殖于东北及西北地区，迁徙经除青藏高原西部以外的大部分地区，越冬于秦岭—淮河以南地区。长岛域内偶见。

【保护状况】NT(近危)。

顾晓军 / 摄

顾晓军 / 摄

丰淑亮 / 摄

灰头麦鸡　　鸻形目｜鸻科

【学　　名】*Vanellus cinereus*

【英 文 名】Grey-headed Lapwing

【别　　名】跳鸻、赖鸡毛子

【形态特征】中型涉禽，体长 34~37 厘米。头、颈及胸灰色，胸至腹部具黑褐色横带，上体褐色，腰、腹白色，初级飞羽和尾端黑色。虹膜红色；嘴黄色具黑端；脚黄色。

【生态习性】夏候鸟；偏好潮湿草地、农耕地；繁殖期常在空中盘旋、嘶鸣、俯冲攻击入侵者；杂食性；繁殖期 5~7 月，地面巢简陋，窝卵数 3~4 枚，同步孵化，雌雄轮流孵卵，雏鸟早成。

【居留状况】繁殖于东北东部、南部至长江流域，西至青藏高原东缘的广大地区，迁徙经除新疆、西藏以外的全国大部分地区，越冬于华南地区。长岛域内偶见。

【保护状况】LC(无危)。

王小平 / 摄

金鸻 鸻形目｜鸻科

【学　　名】*Pluvialis fulva*

【英 文 名】Pacific Golden Plover

【别　　名】美洲金斑鸻

【形态特征】小型涉禽，体长 23~26 厘米。繁殖羽上体黑色且具金黄色斑点，下体黑色，自额前、眉纹到颈侧及胸侧呈白色太极弯曲，非繁殖期和亚成体通体泛金黄色斑点，腹部颜色浅淡。虹膜黑褐色；嘴黑色；脚灰色。

【生态习性】旅鸟；单独或成群栖息于沿海滩涂、内陆草地、农田等；性羞怯而胆小；主要以鞘翅目、鳞翅目和直翅目昆虫等为食。

【居留状况】广泛分布于我国各地，为东部沿海地区较常见旅鸟。越冬于南方沿海地区，包括海南和台湾。东部沿海部分地区有度夏种群。长岛域内偶见。

【保护状况】LC(无危)。

王不平／摄

灰鸻　鸻形目｜鸻科

【学　　名】*Pluvialis squatarola*
【英 文 名】Grey Plover
【别　　名】灰斑鸻
【形态特征】小型涉禽，体长 27~31 厘米。似金鸻，比金鸻大，上体黑色且带白点，无黄点斑，脸颊黑色经前额延伸至胸腹边缘。非繁殖期背部黑褐色具白色羽缘。虹膜褐色；嘴黑色；脚灰色。
【生态习性】夏候鸟；迁徙时见于草地、湖泊、滩涂，偏好海滨潮间带；觅食时漫步沙滩，常与金鸻、滨鹬、膛鹬类混群；人靠近时疾步远离或急速起飞；肉食性。
【居留状况】国内除青藏高原外，广泛分布于各地，为东部沿海地区较常见旅鸟，内陆湿地不常见。越冬于东南、华南沿海地区，东部沿海部分地区有度夏种群。长岛域内偶见。
【保护状况】LC(无危)。

蔡琼 / 摄

剑鸻　　鸻形目｜鸻科

【学　　名】*Charadrius hiaticula*

【英 文 名】Common Ringed Plover

【别　　名】普通环鸻

【形态特征】小型涉禽，体长18~20厘米，比金眶鸻体形大。黑色的前顶冠上无白色饰纹，腿橘黄色，飞行时翼上具明显白色横纹。成鸟的黑色斑纹在亚成鸟时为褐色。虹膜褐色；嘴黑色，嘴基部黄色；脚黄色。叫声为圆润的笛音"tu-weep"，第二音调高。

【生态习性】夏候鸟；栖息在沼泽湿地和海滨沙滩地带，食物以软体动物和昆虫等为主；营巢于地面上。

【居留状况】在黑龙江、北京、河北、内蒙古（东北部）、新疆、西藏、青海、上海、浙江、江西、广东、广西、香港、台湾为少见的旅鸟或冬候鸟。长岛域内偶见。

【保护状况】LC(无危)。

王小平 / 摄

长嘴剑鸻　　鸻形目 | 鸻科

【学　　名】*Charadrius placidus*

【英 文 名】Long-billed Plover

【形态特征】小型涉禽，体长 19~21 厘米。繁殖期上体灰褐色，下体白色，颈部具黑白两道颈环，眼后具灰白色眉纹，嘴、尾比金眶鸻长。虹膜褐色；嘴黑色；脚暗黄色。

【生态习性】旅鸟；单独或结 5~6 只小群栖息于河滩、海滨；行走迅速；肉食性。

【居留状况】国内除新疆外，广泛分布于各地。多为当地不常见的候鸟，通常繁殖于北方地区，越冬于南方地区，但北方有部分个体为当地留鸟。长岛域内偶见。

【保护状况】LC(无危)。

陈加盛 / 摄

金眶鸻　　鸻形目｜鸻科

陈加盛 / 摄

【学　　名】*Charadrius dubius*

【英 文 名】Little Ringed Plover

【别　　名】黑领鸻

【形态特征】小型涉禽，体长 14~17 厘米。繁殖期上体沙褐色，眼圈金黄色，额具宽阔的黑色横带，颈部具白色颈环。虹膜黄褐色；嘴灰黑色；脚灰粉色。

【生态习性】夏候鸟；喜内陆和沿海各种湿地；行走步频和速度很快，时走时停；肉食性；繁殖期 5~7 月，地面巢简陋，窝卵数 3~5 枚，雌鸟孵卵，雏鸟早成。

【居留状况】广泛分布于各地的淡水湿地环境。通常为东北、西北、华北、华南等地区的夏候鸟，西南和东南地区的冬候鸟，但北方有部分个体为当地留鸟。长岛域内常见。

【保护状况】LC(无危)。

顾晓军 / 摄

环颈鸻 鸻形目 | 鸻科

【学　　名】*Charadrius alexandrinus*

【英 文 名】Kentish Plover

【别　　名】白领鸻

【形态特征】小型涉禽，体长 15~17 厘米。上体沙褐色或灰褐色，下体白色。雄鸟繁殖羽前额白色，与白眉线相连，前额上缘有黑额斑，过眼线黑。虹膜褐色；嘴黑色；腿黑色。

【生态习性】夏候鸟；栖息于各种湿地，可在潮间带见到数百上千只的大群；觅食时行动迅速积极；杂食性；繁殖期 4~7 月，地面巢简陋，窝卵数 2~4 枚，雌雄共同孵卵，雏鸟早成。

【居留状况】国内除青藏高原外，广泛分布于各地的多种水域环境。部分留鸟种群见于东南地区，繁殖于东北、西北、华北的个体通常越冬于南方地区。长岛域内偶见。

【保护状况】LC(无危)。

朱英 / 摄

铁嘴沙鸻　鸻形目｜鸻科

【学　　名】*Charadrius leschenaultii*

【英 文 名】Greater Sand Plover

【形态特征】小型涉禽，体长 22~25 厘米。上体暗沙褐色，下体白色。嘴较长、黑色，额白色，额上部有一黑色横带横跨于两眼之间，眼先和一条贯眼纹经眼到耳羽为黑色，后颈和颈侧淡棕栗色。胸栗棕红色，往两侧延伸与后颈棕栗色相连，飞翔时翅上白色翼带明显。虹膜褐色；嘴黑色；腿黄灰色。

【生态习性】旅鸟；栖息于沿海滩涂、河湖浅滩、草地等；觅食步态似蒙古沙鸻，但更喜欢追逐其他鸻鹬类抢食；肉食性。

【居留状况】在国内除西南地区外，见于各地。多为候鸟，东南沿海有越冬种群，东部沿海地区有少量繁殖种群。长岛域内偶见。

【保护状况】LC(无危)。

陈加盛 / 摄

红胸鸻 鸻形目 | 鸻科

【学　　名】*Charadrius asiaticus*

【英 文 名】Caspian Plover

【形态特征】小型涉禽，体长 18~23 厘米。雄鸟的上胸部具栗红色宽带；胸带下沿具有黑色线条。雌鸟的胸带为灰褐色，没有黑线。下体余部白色。羽毛的颜色为灰褐色，常随季节和年龄而变化。跗跖修长，胫下部亦裸出。中趾最长，趾间具蹼或不具蹼，后趾形小或退化。翅形尖长，第一枚初级飞羽退化，形狭窄，甚短小；第二枚初级飞羽较第三枚长或等长；三级飞羽最长。尾形短圆，尾羽 12 枚。虹膜黑褐色；嘴黑色；腿通常是灰绿色或灰褐色，偶然也有肉黄色或灰蓝色。

【居留状况】国内曾分布于新疆天山和准噶尔盆地，为当地罕见繁殖鸟，但近 20 年来未见记录。2008年春季在浙江有一迷鸟记录。长岛域内偶见。

【保护状况】LC(无危)。

雌性 徐永春 / 摄

彩 鹬　鸻形目 | 彩鹬科

雄性 徐永春 / 摄

【学　　名】*Rostratula benghalensis*

【英 文 名】Greater Painted Snipe

【别　　名】水画眉

【形态特征】小型涉禽，体长 23~28 厘米。雌鸟鲜艳，头至胸栗红色，眼周及过眼纹白色，腹部白色，背褐色沾绿色而有黑色和白色细横纹；雄鸟除腹部白色外，余部褐色，眼周及过眼纹皮黄色，背及翅较雌鸟更多皮黄色圆斑，尾短。虹膜红色；嘴黄色；脚近黄色。

【生态习性】冬候鸟；晨昏和夜间活动于水塘、河滩草地和稻田；性隐秘而胆小，行走时尾上下摆动，能游泳和潜水；取食泥沙中的无脊椎动物；繁殖期 5~7 月，窝卵数 4~5 枚。

【居留状况】繁殖于北至环渤海地区、西至四川盆地的北方地区，在长江以南为留鸟，地方性常见。长岛域内罕见。

【保护状况】LC(无危)。

王小平 / 摄

丘鹬　　鸻形目 | 鹬科

王小平 / 摄

【学　　名】*Scolopax rusticola*

【英 文 名】Eurasian Woodcock

【别　　名】大水行、山沙锥、山鹬

【形态特征】中型涉禽，体长33~38厘米。体形肥胖，嘴长腿短，头顶与枕部具明显黑褐色与浅黄色横纹，前额浅黄色，翼上覆羽、肩羽、三级飞羽具零碎不规则斑纹，下体具暗褐色窄横纹，尾的次端斑暗褐色，端部浅灰色。虹膜深褐色；嘴基偏粉，端黑色；脚粉红色。

【生态习性】旅鸟；主要栖息于阴暗潮湿、林下植被茂密的阔叶林和混交林；受惊时蹲伏难以发现；夜间觅食，主要以昆虫等为食。

【居留状况】繁殖期少见于黑龙江（北部）、吉林、新疆（西北部）、四川及甘肃（南部），迁徙经全国各地，越冬于长江以南地区。长岛域内罕见。

【保护状况】LC(无危)。

桑新华／摄

姬鹬 鸻形目｜鹬科

【学　　名】*Lymnocryptes minimus*

【英 文 名】Jack Snipe

【形态特征】小型涉禽，体长 18~20 厘米。喙略长于头部；头顶中央无顶冠纹；胁部具纵纹而非横斑；尾色暗而无棕色横斑；飞行时脚不伸及尾后；虹膜褐色；嘴黄色；脚暗黄色。

【生态习性】旅鸟；栖息于多植物被的湿地和稻田；受惊时蹲伏，迫不得已时才短距离飞至隐蔽处；觅食时频繁点头，肉食性。

【居留状况】迁徙期极罕见于新疆（中西部）、甘肃、内蒙古（东北部）、华北、华东和华南，少量在新疆（西部）、广东（南部）、香港和台湾越冬。长岛域内偶见。

【保护状况】LC(无危)。

张永 / 摄

孤沙锥　　鸻形目｜鹬科

【学　　名】*Gallinago solitaria*

【英 文 名】Solitary Snipe

【形态特征】小型涉禽，体长 29~31 厘米。雌雄酷似。上体赤褐色，头顶中央冠纹和眉纹白色，头顶条纹细，有时断裂，背具四条白色纵带，胸浅黄褐色，喉、腹白色，两胁、腋羽和翼下覆羽白色并具密集黑褐色横斑。虹膜褐色；嘴基部橄榄色，端黑色；脚橄榄色。

【生态习性】旅鸟；栖息于滩涂湿地、林间沼泽；性孤僻，常单独活动；飞行缓慢；主要以蠕虫、昆虫、甲壳类、植物为食。

【居留状况】繁殖于东北，越冬于华北及以南的我国东部山区。长岛域内偶见。

【保护状况】LC(无危)。

林沙锥　鸻形目｜鹬科

【学　　名】*Gallinago nemoricola*

【英 文 名】Wood Snipe

【形态特征】小型涉禽，体长28~32厘米。头顶至背黑色，眉纹白色，中央冠纹棕色但不甚明显，几近消失。上体具暗皮黄灰色羽缘，翅上覆羽黑褐色具皮黄灰色斑点和横斑。颏、喉白色。胸暗黄白色具褐色横斑。其余下体白色具密的褐色横斑。嘴黑色，脚铅灰绿色。翅较圆而宽，尾末端棕红色，背具两道宽的棕黄色纵纹，飞翔时极明显，常成波浪式飞行。虹膜黑褐色；嘴基部褐色；尖端黑色，下嘴基部黄色；脚灰绿色。

桑新华／摄

【生态习性】常单独活动，晨昏时觅食较活跃，飞行缓慢。在草甸地表觅食。

【居留状况】罕见。繁殖于甘肃南部、四川、云南、西藏（南部和东部）；越冬于西藏（东南部）及云南（西部和东北部）。长岛域内偶见。

【保护状况】VU(易危)；国家二级保护野生动物。

张叔勇／摄

大沙锥　鸻形目｜鹬科

【学　　名】*Gallinago megala*

【英 文 名】Swinhoe's Snipe

【形态特征】小型涉禽，体长27~30厘米。体形大。头大而方，上体杂具棕白色和红棕色斑纹，头部中央冠纹、眉纹和颊淡黄褐色，肩羽羽缘黄色而覆羽羽缘白色，胁部具"V"字形纵纹，尾羽多数18~22枚，外侧5枚尾羽宽度约为中央尾羽宽度的1/3。虹膜褐色；嘴褐色而端部黑色；脚橄榄色。

【生态习性】旅鸟；栖息于沼泽、湿润草地、稻田，比扇尾沙锥更喜好干旱生境；受惊时飞行路线低而直；少鸣叫；晨昏觅食；肉食性。

【居留状况】繁殖于东北部分地区，迁徙经新疆及中东部大部分地区，越冬于华南部分地区及海南，西藏东南部有旅鸟记录。长岛域内偶见。

【保护状况】LC(无危)。

丰淑亮 / 摄

针尾沙锥　　鸻形目 | 鹬科

【学　　名】*Gallinago stenura*

【英 文 名】Pin-tail Snipe

【别　　名】针尾鹬、针尾水札

【形态特征】小型涉禽，体长 25~27 厘米。雌雄酷似。嘴长约头的 1.5 倍，比大沙锥和扇尾沙锥色浅，上体具白、黄、黑纵纹和蠕虫状斑纹，贯眼纹眼前先细窄眼后不清楚，嘴比扇尾沙锥短。尾羽 22~24 枚，最外侧 7~8 枚特细如针状。虹膜、嘴褐色；脚偏黄色。

【生态习性】旅鸟；栖息于稻田、林间沼泽，受惊时发出惊叫。

【居留状况】迁徙经我国大部分地区，越冬于华南、西南部分地区及海南。长岛域内偶见。

【保护状况】LC(无危)。

丰淑亮 / 摄

扇尾沙锥　鸻形目｜鹬科

【学　　名】*Gallinago gallinago*

【英 文 名】Common Snipe

【别　　名】小沙锥、扇尾鹬、普通沙锥

【形态特征】小型涉禽，体长 24~29 厘米。翼下覆羽具显著白色区域。次级飞羽末端白色。尾羽多为 14~16 枚，内外侧无显著差别。嘴长为头的 1.6~2 倍。虹膜褐色；嘴褐色，端部色深；脚橄榄色。

【生态习性】旅鸟；栖息于沼泽和稻田，更喜潮湿环境，常隐身于芦苇丛；受惊时作锯齿形飞行并伴随惊叫声；肉食性。

【居留状况】繁殖于新疆和东北，越冬于黄河以南大部分地区，甚常见。长岛域内偶见。

【保护状况】LC(无危)。

刘毅 / 摄

黑尾塍鹬　　鸻形目 | 鹬科

【学　　名】*Limosa limosa*
【英 文 名】Black-tailed Godwit
【形态特征】中型涉禽，体长 37~42 厘米。繁殖羽头、颈、胸、背棕色，眉纹白色，胸侧及胁部杂以黑褐色横斑。非繁殖羽头、颈、胸棕色，眉纹和颏、喉白色，腋、胁、腰和尾上覆羽白色。
【生态习性】旅鸟；栖息于平原草地和森林地带沼泽、湿地等；单独或成小群活动，冬季偶尔也集大群；觅食时常立于深及腹部的水中，将长喙完全没入水中，抬离水面时会向前上方翘起；主要以水生和陆生昆虫及其幼虫，甲壳类和软体动物等为食。
【居留状况】常见。繁殖于东北、内蒙古、新疆（西北部），有少量在东部沿海地区度夏，迁徙经国内除西藏外的大部分地区，越冬于长江中下游地区、东南沿海、海南及台湾。迁徙停歇于渤海湾的个体中存在一个体形较大的新亚种。长岛域内偶见。
【保护状况】NT(近危)。

顾晓军 / 摄

斑尾塍鹬　　鸻形目｜鹬科

【学　　名】*Limosa lapponica*

【英 文 名】Bar-tailed Godwit

【别　　名】斑尾鹬

【形态特征】中型涉禽，体长 37~41 厘米。嘴细长而微向上翘，夏季通体栗红色，头和后颈具黑端细纵纹，背具粗著黑斑和白色羽缘。冬季通体淡灰褐色，头、颈有黑色细纵纹，上体和两胁具黑褐色斑。白色的尾及腰上具褐色横斑，在暗色的上体极为醒目。虹膜褐色；嘴基部粉红色，前端黑色；脚暗绿色或灰色。

【生态习性】旅鸟；迁徙、越冬于沿海湿地，内陆少见；可形成数百上千只的群体；觅食时偶尔将整个头部没入水中，常与黑色塍鹬混群；以水生昆虫、软体动物等为食。

【居留状况】春季迁徙时，均有经过东北、渤海湾及东部沿海地区，有少量在各地度夏。秋季迁徙时，成鸟直接飞越太平洋至越冬地，部分幼鸟仍会在我国沿海停歇。长岛域内偶见。

【保护状况】NT(近危)。

王小平 / 摄

小杓鹬　　鸻形目｜鹬科

【学　　名】*Numenius minutus*

【英 文 名】Little Curlew

【别　　名】小油老罐

【形态特征】中型涉禽，体长 28~34 厘米。嘴细尖，略下弯，比头略长，下嘴基肉色，头顶淡色，中央冠纹与黑侧冠纹等宽，头侧、胸、颈、胁、腋和翼下覆羽淡棕色。虹膜、嘴褐色；脚蓝灰色。

【生态习性】旅鸟；迁徙、越冬于干燥草地、农耕地，偶尔出现在有水环境；主要以昆虫及其幼虫为食。

【居留状况】迁徙经新疆至青海，以及东北和包括台湾在内的沿海地区，为不常见旅鸟。长岛域内偶见。

【保护状况】LC(无危)；国家二级保护野生动物。

顾晓军 / 摄

中杓鹬 鸻形目 | 鹬科

【学　　名】*Numenius phaeopus*

【英 文 名】Eurasian Whimbrel

【形态特征】中型涉禽，体长 40~46 厘米。体形和嘴长介于小杓鹬和白腰杓鹬之间，嘴下弯。腿比其他杓鹬稍短，头顶具明显暗色侧冠纹且被淡色顶冠纹隔开，胸、上体具黑褐色斑纹，腹部皮黄色。虹膜褐色；嘴黑色；脚蓝灰色。

【生态习性】旅鸟；迁徙、越冬于沿海滩涂、草地、农耕地等；主要以昆虫、蟹、螺、贝类等为食。

【居留状况】迁徙时见于我国东部大部分地区，尤其是沿海地区，为地方性常见旅鸟，沿海各地亦有少量度夏种群。长岛域内常见。

【保护状况】LC(无危)。

顾晓军 / 摄

顾晓军 / 摄

顾晓军 / 摄

白腰杓鹬　　鸻形目｜鹬科

【学　　名】*Numenius arquata*

【英 文 名】Eurasian Curlew

【形态特征】大型涉禽，体长 57~63 厘米。尾羽具褐色横纹，与大杓鹬相比腰及翼下覆羽白色，与中杓鹬比体形大且无侧冠纹。其他特征似大杓鹬。

【生态习性】旅鸟；迁徙时常见于海滨滩涂、草地；常与大杓鹬混群；集小群觅食，大群夜宿；性机警，不易靠近；飞行振翅缓慢有力；觅食时常以长而弯的嘴在泥里探索，主要以昆虫、甲壳类、软体动物等为食。

【居留状况】繁殖于内蒙古（东北部）、黑龙江、吉林，迁徙时经过我国大部分地区，越冬于长江以南各地，包括海南和台湾，少量度夏于黄海、渤海和东海沿海滩涂。不常见，近年数量呈下降趋势。长岛域内常见。

【保护状况】NT(近危)；国家二级保护野生动物。

顾晓军 / 摄

大杓鹬　　鸻形目 | 鹬科

【学　　名】*Numenius madagascariensis*

【英 文 名】Eastern Curlew

【别　　名】红腰杓鹬、麻鸡

【形态特征】大型涉禽，体长 53~66 厘米。整体棕黄色，胸部、胁部多纵纹，翼下密布棕色横纹，与白腰杓鹬区别在于腰和下体皆深色。成年雌性大杓鹬在鹬鸟中嘴最长。虹膜褐色；嘴黑色；脚灰色。

【生态习性】旅鸟；迁徙途经沿海滩涂、河口；常与白腰杓鹬混群；以长喙在泥里探寻食物，主要食物有昆虫、甲壳类、软体动物等。

【居留状况】迁徙经我国除西藏、云南、贵州外各地，越冬于海南，少量度夏于黄渤海沿海滩涂。在多数地区不常见至少见，近年数量呈显著下降趋势。长岛域内偶见。

【保护状况】EN(濒危)；国家二级保护野生动物。

王小平 / 摄

鹤鹬   鸻形目 | 鹬科

【学　　名】*Tringa erythropus*

【英 文 名】Spotted Redshank

【形态特征】小型涉禽，体长 26~33 厘米。繁殖期整体黑色，上体带白斑，脚红褐色至黑褐色。非繁殖期黑色贯眼纹和白色眉纹明显，上体灰色，胸部和下体泛白色，脚红色。虹膜褐色；嘴黑色，细长且下嘴基部红色。

【生态习性】旅鸟；迁徙途经沿海、内陆湖泊和人工湿地；常集数百上千只的大群；走动觅食，可至深及腹部的水中；食物种类以甲壳类、软体动物、昆虫为主。

【居留状况】常见旅鸟和候鸟。有记录繁殖于新疆天山，迁徙经我国大部分地区，各地亦有少量度夏个体记录，越冬于东南、华南沿海地区，包括海南和台湾，冬季在一些地区能形成上千只的集群。长岛域内偶见。

【保护状况】LC(无危)。

顾晓军／摄

红脚鹬　　鸻形目｜鹬科

【学　　名】*Tringa totanus*

【英 文 名】Common Redshank

【别　　名】红脚水扎子

【形态特征】小型涉禽，体长26~29厘米。上体褐灰色，下体白色，胸具褐色纵纹，飞行时腰部白色明显，次级飞羽具明显白色外缘，尾上具黑白色细斑。虹膜褐色；嘴基红色而端黑色；脚橘红色。

【生态习性】旅鸟；喜泥岸、海滩、干涸沼泽和鱼塘，内陆湿地亦常见；常与其他鸻鹬类混群；取食水生无脊椎动物。

【居留状况】繁殖于黑龙江（北部）、内蒙古（北部）至东部沿海，可能越冬于东部沿海和西南地区，各亚种南迁越冬时可经过国内大部分地区，包括海南和台湾。各亚种的非繁殖羽较相似，不易区分。长岛域内偶见。

【保护状况】LC(无危)。

顾晓军 / 摄

泽鹬　鸻形目｜鹬科

【学　　名】*Tringa stagnatilis*

【英 文 名】Marsh Sandpiper

【别　　名】小青足鹬

【形态特征】小型涉禽，体长22~26厘米。上体灰褐色，下体、腰、背白色，翼黑色。繁殖期上体浅灰棕色，胸、胁具深色纵纹；非繁殖期上体暗灰色，下体白色无纵纹。虹膜褐色；嘴黑色且细尖；脚偏绿色。

【生态习性】旅鸟；栖息于内陆和沿海湿地；冬季可成大群，性羞怯；以水生无脊椎动物为食。

【居留状况】常见。繁殖于东北及内蒙古东部，迁徙经我国大部分地区，包括海南和台湾，少量越冬于华东至华南的沿海地区及西藏南部。长岛域内偶见。

【保护状况】LC(无危)。

顾晓军 / 摄

白腰草鹬 　鸻形目｜鹬科

【学　　名】*Tringa ochropus*

【英 文 名】Green Sandpiper

【别　　名】白腰水扎子

【形态特征】小型涉禽，体长 21~24 厘米，体形矮壮。腹部、臀部白色，飞行时黑色下翼、白色腰部以及尾部的横斑十分明显。上体绿褐色杂白点，两翼及下背几乎全黑色，尾白色，端部具黑色横斑，飞行时脚伸至尾后，比林鹬腿短。下体点斑少，矮壮，翼下色深。虹膜褐色；嘴暗橄榄色；脚橄榄绿色。

【生态习性】旅鸟；常单独活动，喜小水塘、沼泽、河流边缘，而很少光顾开阔滩涂；受惊时惊叫并作似的锯齿状飞行；以水生无脊椎动物为食。

【居留状况】常见候鸟和旅鸟。繁殖于新疆（西北部）、黑龙江（北部）和内蒙古（东北部），越冬于渤海湾至西藏南部一线以南各地，包括海南和台湾。长岛域内偶见。

【保护状况】LC(无危)。

顾晓军 / 摄

林 鹬 鸻形目 | 鹬科

【学　　名】*Tringa glareola*
【英 文 名】Wood Sandpiper
【别　　名】鹰斑鹬、林扎子
【形态特征】小型涉禽，体长 19~23 厘米。身体纤细，褐灰色，腹部及臀偏白，腰白。上体灰褐色而极具斑点；眉纹长，白色；尾白色而具褐色横斑。飞行时白色的腰、尾部深色斑非常明显，脚远伸于尾后。虹膜褐色；嘴黑色；脚淡黄色至橄榄绿色。
【生态习性】旅鸟；喜沿海和内陆各类湿地但很少光顾潮间带滩涂；成松散小群；觅食时步态缓慢，尾部偶尔上下晃动；以小型无脊椎动物为食。
【居留状况】常见候鸟和旅鸟。繁殖于东北和西北，迁徙经国内大部分地区，少量度夏于沿海地区，部分越冬于华东至华南沿海地区（包括海南和台湾）、云南及西藏南部。长岛域内偶见。
【保护状况】LC(无危)。

王小平 / 摄

灰尾漂鹬　　鸻形目 | 鹬科

王小平 / 摄

【学　　名】*Tringa brevipes*

【英 文 名】Grey-tailed Tattler

【形态特征】小型涉禽，体长23~28厘米。夏季额白色，上体灰色。颏、腹和尾下覆羽白色，其余下体亦为白色，但具细密的灰色横斑。过眼纹黑色，眉纹白色。脚较短、黄色。嘴直、黑色，鼻沟较短，仅及嘴长的一半。冬季上体灰色，下体白色且无横斑，但前颈和胸缀有淡灰色。虹膜褐色；嘴黑色，下嘴基部黄色；脚黄色。

【生态习性】旅鸟；喜多岩石沙滩、珊瑚礁海岸及沙质或卵石海滩；单独或成小群活动；遇险时蹲伏隐蔽，觅食行走时点头摇尾；以水生无脊椎动物和小型鱼类为食。

【居留状况】不常见。迁徙经东北、华北、华东、华南等地，有少量在东部沿海地区和岛屿度夏，越冬于海南和台湾。长岛域内偶见。

【保护状况】NT(近危)。

丰淑亮／摄

丰淑亮／摄

矶鹬　　鸻形目｜鹬科

【学　　名】*Actitis hypoleucos*

【英 文 名】Common Sandpiper

【别　　名】石水扎子、普通鹬

【形态特征】小型涉禽，体长 16~22 厘米。脚短，身形矮小，上体褐色，飞羽近黑色，肩带具白斑带，下体白色，胸侧具灰褐色斑块，与灰色的肩和翼将前腹部夹出一个三角形区，飞行时翼上具黑色或白色横纹。虹膜褐色；嘴深色；脚浅橄榄绿色。

【生态习性】夏候鸟或旅鸟；喜内陆及沿海各类湿地；单独活动；具两翼僵直滑行的特殊姿态，停歇时尾部频繁颤动；以小型无脊椎动物及鱼类、蝌蚪等为食；繁殖期 5~7 月，地面巢简陋，窝卵数 4~5 枚，双亲育雏，雏鸟早成。

【居留状况】分布广泛而常见。繁殖于北方各地，越冬于长江流域以南各地，包括海南和台湾。长岛域内常见。

【保护状况】LC(无危)。

王小平 / 摄

大滨鹬   鸻形目 | 鹬科

【学　　名】*Calidris tenuirostris*

【英 文 名】Great Knot

【形态特征】小型涉禽，体长 26~30 厘米。雌雄酷似。是滨鹬属中体形最大的。繁殖期头、胸和两胁具密集黑斑，肩部具栗色和黑色斑块，尾上覆羽大部白色，尾羽黑色。非繁殖期上体和胸部浅灰色，上体、头、颈、胸密布暗色条纹。虹膜褐色；嘴黑色；脚绿灰色。

【生态习性】旅鸟；喜沿海潮间带滩涂；常结大群活动；步速缓慢，快速啄食；常与红腹滨鹬、灰鸻等混群；以水生昆虫、甲壳类、软体动物为食。

【居留状况】迁徙经华北和华东的沿海地区，包括台湾，少数迁徙经内陆湿地，在东南沿海及海南越冬。春季迁徙时，在鸭绿江口、双台子河口、黄河三角洲以及长江口等地的滩涂都有数千甚至上万只的记录，少量停留度夏，秋季几乎不停留。由于一些重要停歇栖息地被开发、破坏，近年大滨鹬数量急剧下降。长岛域内偶见。

【保护状况】EN(濒危)；国家二级保护野生动物。

蔡淑亮 / 摄

青脚鹬　鸻形目 | 鹬科

【学　　名】*Tringa nebularia*
【英 文 名】Common Greenshank
【别　　名】乌脚鹬

【形态特征】中型涉禽，体长 30~35 厘米。繁殖期头颈部密布条纹，上体灰褐色，有些羽毛带黑色。非繁殖期羽色浅而均一，条纹不明显，尾部黑色横斑明显。虹膜褐色；嘴灰绿色而端黑色，基部粗而末端细，上翘；脚黄绿色。

【生态习性】旅鸟；喜内陆和沿海各类湿地；单独或成小群活动；觅食时偶尔似鹭类奔跑追逐食物，有时如反嘴鹬在水中左右甩嘴，头部频繁上下点动，以水生昆虫、蟹、虾等为食。

【居留状况】常见。迁徙经我国大部分地区，各地亦有少量度夏个体记录；越冬于长江以南各地，包括海南和台湾。长岛域内偶见。

【保护状况】LC(无危)。

张明 / 摄

红腹滨鹬　鸻形目 | 鹬科

【学　　名】*Calidris canutus*
【英 文 名】Red Knot

【形态特征】小型涉禽，体长 23~25 厘米，中等体形。头侧和下体棕红色，头顶至后颈具黑褐色棕色羽缘，背有黑色、棕色和白色斑纹，两肋和尾下覆羽具黑褐色斑点。虹膜深褐；嘴黑色；脚黄绿色。

【生态习性】旅鸟；喜成群栖息于沿海滩涂湿地；觅食行为似大滨鹬并与之混群，行走缓慢，啄食迅速，以昆虫、甲壳类、软体动物为食。

【居留状况】迁徙时均可见于渤海、黄海至东海的沿海地区，包括台湾，少量停留度夏，少数迁徙经内陆湿地，在华南沿海及海南有少量越冬，不常见。近年，因为一些重要停歇栖息地被开发、破坏，红腹滨鹬种群数量急剧下降。长岛域内偶见。

【保护状况】NT(近危)。

顾晓军／摄

红颈滨鹬　　鸻形目｜鹬科

【学　　名】*Calidris ruficollis*

【英 文 名】Red-necked Stint

【形态特征】小型涉禽，体长 13~16 厘米。上体色浅而具纵纹。繁殖羽头顶、颈部体羽及翼上覆羽锈红色。非繁殖羽上体灰褐色，多具杂斑和纵纹。眉纹白色；腰中部及尾深褐色；尾侧、下体白色。

【生态习性】旅鸟；迁徙多见于沿海滩涂湿地；喜集群，性活跃，步伐迅速敏捷；以小型无脊椎动物为食。

【居留状况】常见旅鸟和冬候鸟。迁徙时经过国内大部分地区，少量度夏于各地，越冬于东南、华南沿海地区，包括海南和台湾。长岛域内偶见。

【保护状况】NT(近危)。

顾晓军 / 摄

小滨鹬 鸻形目 | 鹬科

【学　　名】*Calidris minuta*

【英 文 名】Little Stint

【形态特征】小型涉禽, 体长14~14.5厘米。嘴短而粗, 腿深灰, 下体白色, 上胸侧沾灰, 暗色过眼纹模糊, 眉纹白。甚似斑胸滨鹬, 但腿和嘴略长且嘴端较钝。春季的鸟具赤褐色的繁殖羽。与繁殖期的红胸滨鹬区别在于颏及喉白色, 上背具乳白色 "V" 字形带斑, 胸部多深色点斑。虹膜暗褐色; 嘴黑色; 脚黑色。

【生态习性】温顺喜群居并与其他小型涉禽混群。进食时用喙快速啄食或翻拣, 常在水边浅水处涉水啄食水生昆虫、昆虫幼虫、小型软体动物和甲壳动物。

【居留状况】迁徙期较常见于新疆西部和北部, 偶见于内蒙古、青海、陕西、云南、吉林、天津、北京、山东、江苏、上海、浙江、广东、澳门、香港和台湾。长岛域内偶见。

【保护状况】LC(无危)。

顾晓军 / 摄

唐上波 / 摄

青脚滨鹬 　鸻形目 | 鹬科

【学　　名】*Calidris temminckii*

【英 文 名】Temminck's Stint

【别　　名】丹氏穉鹬、乌脚滨鹬

【形态特征】小型涉禽, 体长13~15厘米, 体形矮壮。腿短, 上体暗灰色, 部分翼羽呈黑色, 具棕黄色羽缘。头、胸灰色, 腹白色, 尾长于拢翼, 与其他滨鹬区别于外侧尾羽纯白色。虹膜褐色; 嘴黑色; 脚黄绿色。

【生态习性】旅鸟; 迁徙越冬于内陆淡水湿地, 也光顾海滨滩涂; 单独或小群活动; 觅食动作较缓慢, 有别于红颈滨鹬和小滨鹬; 以水生无脊椎动物为食。

【居留状况】常见旅鸟。迁徙时经过国内大部分地区, 越冬于西南、东南、华南沿海及台湾。长岛域内偶见。

【保护状况】LC(无危)。

丰淑亮 / 摄

长趾滨鹬　　鸻形目｜鹬科

【学　　名】*Calidris subminuta*
【英 文 名】Long-toed Stint
【别　　名】云雀鹬、长趾水扎子
【形态特征】小型涉禽，体长 13~16 厘米。繁殖羽白色眉纹宽，头顶棕红色且具黑色纵纹，颊、颈和胸侧具黑色纵纹，背部具 "V" 字形纵纹，翼上覆羽黑色具浅色羽缘。虹膜暗褐色；嘴黑色；脚黄绿色，且明显长于其他滨鹬。
【生态习性】旅鸟；迁徙、越冬于内陆湿地，也光顾潮间带滩涂；单独或结小群活动，觅食步速缓慢，身体因腿长而下俯明显；以小型无脊椎动物为食。
【居留状况】常见旅鸟。迁徙时经过国内大部分地区，少量度夏于东部沿海地区，越冬于华南沿海及台湾。长岛域内偶见。
【保护状况】LC(无危)。

孙克信 / 摄

尖尾滨鹬　　鸻形目│鹬科

【学　　名】*Calidris acuminata*

【英 文 名】Sharp-tailed Sandpiper

【形态特征】小型涉禽，体长 16~23 厘米。眉纹白色，繁殖期头顶泛栗色。上体黑褐色，羽缘染栗色、黄褐色或棕白色，颏喉白色且具淡黑褐色点斑，胸浅棕色具暗色斑纹，至下胸、两胁斑纹变成粗箭头形斑。腹白色，尾楔形。虹膜暗褐色；嘴黑褐色，微下弯；脚绿褐色。

【生态习性】旅鸟；迁徙途经内陆和沿海各类湿地；食物丰富时可成大群；以昆虫幼虫、甲壳类和软体动物为食。

【居留状况】常见旅鸟。迁徙经中部和东部大部分地区，少量越冬于台湾。长岛域内偶见。

【保护状况】LC(无危)。

弯嘴滨鹬　　鸻形目｜鹬科

【学　　名】*Calidris ferruginea*

【英 文 名】Curlew Sandpiper

【形态特征】小型涉禽，体长 18~23 厘米。嘴长而下弯，上体大部分为灰色且几无纵纹，下体白色，眉纹、翼上横纹及尾上覆羽的横斑均白色。繁殖期腰部的白色不明显，头顶黑褐色，有栗色缘；非繁殖期眉纹白色，头至上体为浑然一体的灰色。虹膜褐色；嘴、脚黑色。

王小平 / 摄

【生态习性】旅鸟；迁徙、越冬于沿海滩涂和内陆湿地；常与其他鸻鹬类混群；退潮时于泥沙中寻找食物，以水生无脊椎动物为食。

【居留状况】常见旅鸟，迁徙时见于全国各地，少量度夏和越冬于东南及华南沿海地区，包括海南和台湾。春季在黄渤海北部滩涂有数量较大的集群。长岛域内偶见。

【保护状况】NT(近危)。

王小平 / 摄

黑腹滨鹬　　鸻形目｜鹬科

【学　　名】*Calidris alpina*

【英 文 名】Dunlin

【形态特征】小型涉禽，体长 16~22 厘米，雌雄酷似。嘴长，端部微下弯，繁殖期头侧和颈部、胸部灰色，具黑色纵纹，头顶、上体棕褐色，下体白色而腹部中央黑色。非繁殖期上体灰褐色，下体白色。虹膜褐色；嘴黑色；脚绿灰色。

【生态习性】旅鸟；迁徙途经沿海滩涂、内陆湖泊等各类湿地；性活跃，善奔跑；以小型水生无脊椎动物为食。

【居留状况】常见旅鸟和冬候鸟。迁徙时经过东北、西北及东部沿海地区，少量在沿海地区度夏，广泛越冬于长江中下游及以南的沿海地区，包括海南和台湾。长岛域内偶见。

【保护状况】LC(无危)。

顾晓军 / 摄

顾晓军 / 摄

顾晓军 / 摄

新增 XIN ZENG

翻石鹬　　鸻形目 | 鹬科

【学　　名】*Arenaria interpres*

【英 文 名】Ruddy Turnstone

【形态特征】小型涉禽，体长 21~26 厘米。嘴、腿短，色彩醒目，头、颈、胸具黑白图案，上体栗褐色且具黑色图案，下体白色。虹膜褐色；嘴黑色；脚橘黄色。

【生态习性】冬候鸟；迁徙见于内陆及沿海；不与其他种类混群；行动迅速；常在海滩翻动石头或其他物体寻找食物，以无脊椎动物为食。

【居留状况】迁徙经我国大部分地区，少量越冬于华南和东南沿海、海南及台湾。通常不常见。长岛域内罕见。

【保护状况】LC(无危)；国家二级保护野生动物。

【拍摄时间、地点】2020 年 4 月 26 日 13:37, 拍摄于长岛的大钦岛。

王小平／摄

翘嘴鹬　　鸻形目｜鹬科

【学　　名】*Xenus cinereus*

【英 文 名】Terek Sandpiper

【形态特征】小型涉禽，体长 22~25 厘米。细长喙略上翘，头颈白色而有略多的灰色细纹，背部灰褐色而有黑色羽干纹，腹部白色。虹膜褐色；嘴黑而基部黄色；脚橘黄色。

【生态习性】冬候鸟；喜沿海泥滩、河口；常与其他鸻鹬混群；觅食时走动积极活跃；以小型无脊椎动物为食。

【居留状况】地方性常见，迁徙时见于各地，多见于东部沿海地区，并有少量度夏种群，越冬于台湾。长岛域内罕见。

【保护状况】LC(无危)。

【拍摄时间、地点】2018 年 4 月 20 日 15:08，拍摄于长岛的大钦岛。

顾晓军 / 摄

三趾滨鹬　　鸻形目｜鹬科

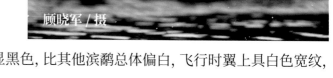

顾晓军 / 摄

【学　　名】*Calidris alba*

【英 文 名】Sanderling

【别　　名】三趾鹬

【形态特征】小型涉禽，体长19~21厘米。肩羽明显黑色，比其他滨鹬总体偏白，飞行时翼上具白色宽纹，无后趾。虹膜暗褐色；嘴、脚黑色。

【生态习性】冬候鸟；迁徙途经沿海滩涂；常随涨（落）潮水线快速奔跑觅食；常与红颈滨鹬混群；以小型水生无脊椎动物为食。

【居留状况】不甚常见的旅鸟。迁徙时见于除黑龙江、内蒙古、云南、四川外的大部分地区，少量越冬于东南沿海地区及台湾。长岛域内偶见。

【保护状况】LC(无危)。

【拍摄时间、地点】2018 年 12 月 21 日 8:33，拍摄于长岛的北长山岛。

王小平/摄

黄脚三趾鹑　　鸻形目｜三趾鹑科

【学　　名】*Turnix tanki*

【英 文 名】Yellow-legged Buttonquail

【形态特征】小型鸟类，体长 15~18 厘米。外形似鹌鹑，但较小。背、肩、腰和尾上覆羽灰褐色，具黑色和棕色细小斑纹；尾亦为灰褐色，中央尾羽不延长，尾甚短小。虹膜淡黄白色或灰褐色；嘴黄色，端黑色；脚黄色。

【生态习性】夏候鸟；以小群活动于灌木丛、草地、沼泽及耕地；性胆怯，善隐蔽；植食性；繁殖期 5~8 月，一雌多雄制，雌性鸣唱吸引雄性，地面巢简陋，窝卵数 3~4 枚，雄性孵卵育雏。

【居留状况】我国大部分地区的常见候鸟，分布从东北至华南、西南，在北方为夏候鸟，在长江以南部分为夏候鸟，部分为旅鸟和冬候鸟。长岛域内偶见。

【保护状况】LC(无危)。

唐士波/摄

普通燕鸻　鸻形目｜燕鸻科

【学　　名】*Glareola maldivarum*

【英 文 名】Oriental Pratincole

【别　　名】土燕子

【形态特征】小型涉禽，体长 24~28 厘米。嘴短、基部宽，尖端窄而下弯，翼尖长，尾黑色，呈叉形。繁殖羽上体茶褐色，腰白色，喉乳黄色且具黑边。非繁殖羽嘴基无红色，喉部淡褐色且外缘黑线较浅淡。飞行和栖息姿势似家燕。虹膜褐色；嘴黑色；脚赤褐色。

【生态习性】夏候鸟；栖息于开阔平原地区湖泊、河流、水塘和沼泽地带；繁殖期间常单独或成对活动，非繁殖期常成群；主要以蚱蜢、蝗虫、螳螂等为食；繁殖期 5~7 月，地面巢，窝卵数 2~4 枚，早成鸟。

【居留状况】繁殖于我国东北至中东部大部分地区，迁徙经西南和华南。长岛域内常见。

【保护状况】LC(无危)。

顾晓军 / 摄

顾晓军 / 摄

红嘴鸥　　鸻形目｜鸥科

【学　　名】*Chroicocephalus ridibundus*

【英 文 名】Black-headed Gull

【别　　名】笑鸥、钓鱼郎、黑头鸥、普通黑头鸥

【形态特征】中型水鸟，体长 36~42 厘米。成鸟繁殖期具深褐色罩，眼后具月牙白斑，背和翅上浅灰色，翼尖黑色，尾羽白色；非繁殖期深褐色头罩褪去，眼后具深色斑点。第一冬亚成鸟尾羽近末端具黑色带，翼后缘黑色。虹膜褐色；嘴、脚红色。

【生态习性】冬候鸟；栖息于平原和低山丘陵地带湖泊、河流等及沿海沼泽地带；喜盘旋、鸣叫，善游泳，不惧人；主要以鱼、虾、昆虫、水生植物和食物残渣为食。

【居留状况】见于我国各地。长岛域内常见。

【保护状况】LC(无危)。

王小平 / 摄

红嘴巨鸥　　鸻形目｜鸥科

【学　　名】 *Hydroprogne caspia*

【英 文 名】 Caspian Tern

【形态特征】 大型水鸟，体长 47~55 厘米。夏羽前额、头顶、枕和冠羽黑色。后颈、尾上覆羽和尾白色，尾呈叉状。背、肩和翅上覆羽银灰色。眼先和眼及耳羽以下头侧白色；颏、喉和整个下体也为白色。冬羽和夏羽大致相似，但额和头顶白色，具黑色纵纹。有些头全为白色，仅耳区有黑色斑。上体较淡。虹膜暗褐色；嘴粗厚，长而直，颜色为鲜红色，幼鸟橙色；脚和爪黑色。

【生态习性】 夏候鸟；飞行姿势轻盈如燕鸥；取食采用飞翔俯冲方式捕食螃蟹、蠕虫等；繁殖期 5~7 月，地面巢，窝卵数 3 枚（1~6 枚）。

【居留状况】 见于新疆、东北、华北、华东、华中、华南。地方性常见。长岛域内罕见。

【保护状况】 LC(无危)。

【拍摄时间、地点】 2021 年 9 月 4 日 11:54，拍摄于长岛的北隍城岛。

王小平／摄

黑嘴鸥　　鸻形目｜鸥科

【学　　名】*Chroicocephalus saundersi*

【英 文 名】Saunders's Gull

【别　　名】桑氏鸥、闲步鸥

王小平／摄

【形态特征】中型水鸟，体长 30~33 厘米。夏羽头黑色，眼上和眼下具白色星月形斑，在黑色的头上极为醒目；颈、腰、尾上覆羽，尾和下体白色；初级飞羽末端具黑色斑点；翼下仅部分初级飞羽黑色，与整个翼下面和下体白色形成鲜明对比，飞翔时甚为醒目。冬羽和夏羽相似，但头发白，头顶有淡褐色，耳区有黑色斑点。虹膜褐色；嘴黑色；脚红色。

【生态习性】夏候鸟；飞行姿势轻盈如燕鸥；取食采用飞翔俯冲方式捕食螃蟹、蠕虫等；繁殖期 5~7 月，地面巢，窝卵数 3 枚（1~6 枚）。

【居留状况】繁殖于渤海和黄海北部沿岸地区，越冬于黄海至南海沿岸。不常见，长岛域内偶见。

【保护状况】VU(易危)；国家一级保护野生动物。

顾晓军 / 摄

普通海鸥　　鸻形目 | 鸥科

【学　　名】*Larus canus*

【英 文 名】Mew Gull

【形态特征】中型水鸟，体长 44~52 厘米。成鸟上体灰色，头、颈和下体白色，初级飞羽末端黑色，具白色翼斑，尾白色。非繁殖羽头、颈具深色纵纹，嘴尖具暗斑。亚成鸟头部、眼周斑纹多。虹膜、嘴、脚黄色。

【生态习性】旅鸟；主要栖息于海岸、河口、港湾等沿海地带；以小型鱼类、水生无脊椎动物为食。

【居留状况】遍及全国各地，沿海地区秋冬季常见，内陆偶见。长岛域内常见。

【保护状况】LC(无危)。

顾晓军 / 摄

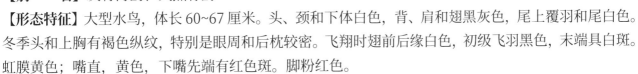

顾晓军 / 摄

灰背鸥　鸻形目 | 鸥科

【学　　名】*Larus schistisagus*
【英 文 名】Slaty-backed Gull
【别　　名】灰背海鸥、大黑脊鸥

【形态特征】大型水鸟，体长 60~67 厘米。头、颈和下体白色，背、肩和翅黑灰色，尾上覆羽和尾白色。冬季头和上胸有褐色纵纹，特别是眼周和后枕较密。飞翔时翅前后缘白色，初级飞羽黑色，末端具白斑。虹膜黄色；嘴直，黄色，下嘴先端有红色斑。脚粉红色。

【生态习性】冬候鸟；栖息于海滨沙滩、岩石海岸和内陆河流、湖泊；冬季可集大群；以小型鱼类和无脊椎动物为食。

【居留状况】少见于东北、内蒙古、北京至东部及南部沿海各地，其余内陆地区记录存疑。长岛域内常见。

【保护状况】LC(无危)。

顾晓军 / 摄

顾晓军／摄

黑尾鸥　鸻形目｜鸥科

【学　　名】*Larus crassirostris*

【英 文 名】Black-tailed Gull

【形态特征】中型水鸟，体长 46~48 厘米。成鸟上体深灰色，下体、腰白色，尾白色且具黑色次端斑，合拢的翼尖具 4 个白点。非繁殖羽枕部且具灰褐色斑纹。幼鸟体羽深褐色且斑驳，随着年龄增长而逐渐干净。虹膜黄色而眼周红色；嘴黄色且具红色尖端和黑色次端斑；脚黄绿色。

【生态习性】夏候鸟；迁徙和越冬季集大群沿海岸线活动觅食，涨潮时尤为活跃，善游泳；取食上层鱼类和沙滩软体动物；繁殖期 4~7 月，成小群营巢于悬崖峭壁，窝卵数 2 枚，双亲共同育雏，雏鸟晚成。

【居留状况】我国沿海各地均有分布，北方非常常见，南方冬季记录较多。在长岛的高山岛、车由岛、猴矶岛有其繁殖地，长岛域内常见。

【保护状况】LC(无危)。

顾晓军 / 摄

顾晓军 / 摄

西伯利亚银鸥　　鸻形目｜鸥科

【学　　名】*Larus vegae*

【英 文 名】Vega Gull

【别　　名】织女银鸥、织女鸥

【形态特征】大型水鸟，体长 55~68 厘米。上体浅灰色至中灰色。腿黄色至橙黄色，有时带粉色。三级飞羽及肩羽具白色月牙形斑，翼合拢时通常可见白色羽尖，飞行时初级飞羽外侧具大翼镜。第一冬幼鸟灰白色，遍体具深色斑；第二年开始呈现向成鸟过渡的颜色。非繁殖羽头至颈背无褐色纵纹。虹膜黄色；嘴黄色；脚黄色。

【生态习性】旅鸟；栖息于沿海和内陆湿地；以鱼类和水生无脊椎动物为食，也捡食人类垃圾。

【居留状况】除宁夏、西藏、青海外，常见于全国各地。在东北和西北繁殖，迁徙经北方大部分地区，越冬于南方。长岛域内常见。

【保护状况】LC(无危)。

顾晓军／摄

顾晓军 / 摄

黄腿银鸥　　鸻形目｜鸥科

顾晓军 / 摄

【学　　名】*Larus cachinnans*

【英 文 名】Caspian Gull

【别　　名】黄腿鸥、里海鸥、蒙古银鸥

【形态特征】大型水鸟，体长 55~60 厘米。成鸟繁殖羽头、颈和下体至尾羽白色，肩、背及翼上灰色，与黑色翼尖对比明显，次级及三级飞羽后缘白色，停栖时黑翼尖超出尾羽甚长，有明显白斑。虹膜黄色；嘴黄色，下嘴先端具红斑；脚浅黄色。

【居留状况】新疆北部和西部少见的繁殖鸟，迁徙期常见于新疆各地，迷鸟至广东、香港和澳门。长岛域内常见。

【保护状况】LC(无危)。

顾晓军 / 摄

顾晓军 / 摄

白额燕鸥 鸻形目 | 鸥科

【学　　名】*Sternula albifrons*

【英 文 名】Little Tern

【别　　名】小燕鸥、小海燕

【形态特征】小型水鸟，体长20~29厘米。繁殖羽头顶、颈背黑色，额白色，嘴黄色具黑色尖端，脚橙黄色；非繁殖羽前顶及额白色，仅后顶和枕部黑色，虹膜褐色。

【生态习性】夏候鸟；栖息于海边沙滩；与其他燕鸥混群；飞行时嘴垂直向下，头频繁左右摆动，振翅快速，来回飞行；发现猎物后悬停空中，快速入水捕获猎物后从水中升起，空中进食；繁殖期5~7月，地面群巢简陋，窝卵数2~3枚，雌雄轮流孵化。

【居留状况】除新疆、西藏外全国各地常见。长岛域内偶见。

【保护状况】LC(无危)。

白腰燕鸥　　鸻形目｜鸥科

【学　　名】*Onychoprion aleuticus*

【英 文 名】Aleutian Tern

【形态特征】体长 32~34 厘米，前额和脸及头侧白色，头顶和后枕黑色。肩、背、翅上覆羽烟灰色。

【生态习性】海洋性为主。飞行较轻盈，极少俯冲入水觅食。

【居留状况】见于山东、上海、浙江、福建、广东、香港和台湾。全国少见。长岛域内罕见。

【保护状况】VU（ 易危 ）。

【拍摄时间、地点】2020 年 9 月 13 日 10:06，拍摄于长岛的南隍城岛。

王小平 / 摄

普通燕鸥　　鸻形目｜鸥科

【学　　名】*Sterna hirundo*

【英 文 名】Common Tern

【别　　名】黑顶燕鸥、燕鸥

【形态特征】中型水鸟，体长 31~38 厘米。尾深叉形，繁殖羽头顶全黑色，胸灰色，嘴内红尖端深红至黑色，脚偏红色。非繁殖羽上翼及背灰色，尾上覆羽、腰及尾白色，额白色，头顶具黑色和白色杂斑，颈背最黑，下体白色，嘴黑色，脚色较繁殖羽暗；飞行时，非繁殖羽成鸟及亚成鸟的特征为前翼具近黑色横纹，外侧尾羽缘黑色。第一冬羽上体褐色浓重，上背具鳞状斑。虹膜褐色。

【生态习性】夏候鸟；喜停歇于水边突出物（如木桩）上；飞行、捕食方式同白额燕鸥；繁殖期 5~7 月，地面群巢简陋，窝卵数 2~5 枚，异步孵化，雌雄轮流孵卵，雏鸟早成。

【居留状况】见于东部各地。长岛域内常见。

【保护状况】LC(无危)。

顾晓军／摄

灰翅浮鸥　　鸻形目｜鸥科

【学　　名】*Chlidonias hybrida*
【英 文 名】Whiskered Tern
【形态特征】小型水鸟，体长 23~28 厘米。尾叉很浅，繁殖羽额至头顶黑色，上体浅灰色，颊、颈侧、喉白色。非繁殖期羽额白色，头顶具细纹，顶后及颈背黑色，下体灰黑色，翼、颈、背及以上覆羽灰色。幼鸟似成鸟，但具褐色杂斑，与非繁殖期白翅浮鸥区别为冠顶黑色，腰灰色，无黑色颊纹。虹膜深褐色；嘴繁殖期深红色或黑色；脚红色。
【生态习性】夏候鸟；成群栖息于开阔平原湖泊、水库、河口、海岸和附近沼泽地带；频繁在水上振翅飞翔；主要以小鱼、虾等水生生物为食；繁殖期 5~7 月，水面浮巢，窝卵数 2~5 枚，雌雄轮流孵化。
【居留状况】见于全国各地。长岛域内常见。
【保护状况】LC(无危)。

王小平／摄

白翅浮鸥　　鸻形目｜鸥科

【学　　名】*Chlidonias leucopterus*

【英 文 名】White-winged Tern

【别　　名】白翅黑海燕

【形态特征】小型水鸟，体长 20~25 厘米。虹膜深褐色。繁殖羽嘴暗红色，脚红色，头、颈、背和下体黑色，翅上小覆羽、腰、尾白色，飞行时除尾和飞羽白色外，余部黑色。非繁殖羽嘴黑色，脚暗红色，头、颈和下体白色，头顶和枕部有黑斑并与眼后黑斑相连，延伸至眼下。

【生态习性】夏候鸟；栖息于湖泊和较大水域周围草丛及海岸地带；以鱼虾为食，繁殖期大量捕食昆虫；繁殖期 6~8 月，窝卵数 2~3 枚。

【居留状况】见于全国各地。地方性常见。长岛域内偶见。

【保护状况】LC(无危)。

韩永祥 / 摄

扁嘴海雀 鸻形目 | 海雀科

【学　　名】*Synthliboramphus antiquus*

【英 文 名】Ancient Murrelet

【别　　名】短嘴海鸠、古海鸟、海鹌鹑

【形态特征】小型水鸟，体长24~27厘米。整体上呈黑白色，嘴短，呈圆锥形，白色。夏羽头无羽冠，背蓝灰，下体白色，喉黑，白色的眉纹呈散开形。冬羽眉纹及喉部的黑色消失。飞行时翼下白色，前后缘均色深，腋羽色暗。虹膜褐色；嘴象牙白，嘴端深色；脚灰色。

【生态习性】夏候鸟；繁殖期筑巢于海岸、岛屿的岩石上，冬季栖息于开阔的海洋中；善潜水；主要以海洋无脊椎动物和小鱼为食。

【居留状况】繁殖于山东半岛外海岛屿，非繁殖期于渤海、黄海、东海至南海均有记录。近年因为栖息地被破坏及鸟蛋被盗取，国内的繁殖种群已变得极为稀少。长岛域内罕见。

【保护状况】LC(无危)。

鸽形目

　　鸽形目鸟类身体短圆，嘴短，翅膀均强健有力，飞行时可听到振翅声，雌雄形态相似。鸽形目鸟类栖息生境比较多样，主要以树栖为主，栖息于山地森林中，常见的一些种类也常出现在农田、空地等人工环境中。该目鸟类食物主要以植物为主。

王小平/摄

岩 鸽　　鸽形目 | 鸠鸽科

【学　　名】*Columba rupestris*

【英 文 名】Hill Pigeon

【别　　名】野鸽子、山鸽子

【形态特征】中型鸟类，体长 30~35 厘米。蜡膜肉色，体羽蓝灰色，头及胸部具紫绿色光泽，翼具两道不完整黑色横斑，尾部具宽阔偏白色次端斑。虹膜褐色；嘴角质色；脚深红色。

【生态习性】留鸟；栖息于山地岩石、悬崖峭壁处和草地、平原；成群且不甚惧人；植食性；繁殖期4~7月，营巢于悬崖峭壁或古建筑，窝卵数 2 枚，双亲以"鸽乳"育雏，雏鸟晚成。

【居留状况】分布于整个北方，以及青藏高原、西南山地。长岛域内偶见。

【保护状况】LC(无危)。

顾晓军 / 摄

山斑鸠　　鸽形目｜鸠鸽科

【学　　名】*Streptopelia orientalis*

【英 文 名】Oriental Turtle Dove

【别　　名】斑鸠、金背鸠

【形态特征】中型鸟类，体长 28~36 厘米。颈侧具黑白相间的条状斑纹，上体多灰色具棕色羽缘，下体酒红色，尾深灰色。虹膜黄色；嘴灰色；脚粉红色。

【生态习性】留鸟；栖息于低山丘陵、平原和山地林区、农田以及宅旁竹林；植食性为主兼食昆虫；繁殖期 4~7 月，枝上盘状巢，窝卵数 2 枚，双亲以"鸽乳"育雏，雏鸟晚成。

【居留状况】除青藏高原外广泛分布于我国各地，多为各地留鸟。长岛域内常见。

【保护状况】LC(无危)。

王小平 / 摄

灰斑鸠　　鸽形目 | 鸠鸽科

【学　　名】*Streptopelia decaocto*

【英 文 名】Eurasian Collared Dove

【别　　名】斑鸠、野鸽子

【形态特征】中型鸟类，体长25~34厘米。体羽灰色，尾长，后颈具黑色而边缘白色的半颈圈。虹膜褐色；嘴灰黑色；脚粉红色。

【生态习性】留鸟；成小群栖息于农田、果园、低山丘陵地带；植食性为主；繁殖期4~8月，窝卵数2枚，双亲共同育雏，雏鸟晚成。

【居留状况】除青藏高原外较广泛分布于我国各地，多为留鸟。常见于北方和西部地区，罕见于华东、华南。长岛域内偶见。

【保护状况】LC(无危)。

顾晓军 / 摄

顾晓军 / 摄

珠颈斑鸠　　鸽形目 | 鸠鸽科

【学　　名】*Spilopelia chinensis*

【英 文 名】Spotted Dove

【别　　名】鸪雕、鸪鸟、中斑、花斑鸠、花脖斑鸠、珍珠鸠、斑颈鸠、珠颈鸽

【形态特征】中型鸟类，体长 27.5~30 厘米。上体褐色，下体粉红色，颈侧至颈后宽阔黑颈环上密布白色斑点。外侧尾羽黑色具白色端斑。虹膜橘黄色；嘴黑色；脚红色。

【生态习性】留鸟；栖息于稀树平原、草地、低山丘陵、农田和城市绿地；主要以植物种子为食；繁殖期 4~7 月，营树上盘状巢，窝卵数 2 枚，双亲育雏，雏鸟晚成。

【居留状况】常见留鸟，全国广布。长岛域内常见。

【保护状况】LC(无危)。

李航/摄

火斑鸠 鸽形目 | 鸠鸽科

【学　　名】*Streptopelia tranquebarica*

【英 文 名】Red Turtle Dove

【别　　名】红鸠、红斑鸠、斑甲、红咖追、火鸪鷌、火雀

【形态特征】中型鸟类，体长 20.5~23 厘米。颈部的黑色半领圈前端白色。雄鸟头部偏灰，下体偏粉，翼覆羽棕黄色；雌鸟色较浅且暗，头暗棕色。虹膜褐色；嘴灰色；脚红色。

【生态习性】留鸟或夏候鸟；成对或小群栖息于开阔平原、田野、村庄等地及低山丘陵和林缘地带；以植物浆果、种子、昆虫等为食；繁殖期 3~6 月，营树上盘状巢，窝卵数 2 枚，双亲育雏，雏鸟晚成。

【居留状况】繁殖于辽宁、河北以南的广大地区，西至甘肃、青海、四川（西部）、西藏（南部）、云南，东至东部沿海和台湾，南至海南；南迁越冬。长岛域内罕见。

【保护状况】LC(无危)。

红翅绿鸠 鸽形目 | 鸠鸽科

赵纳勋/摄

【学　　名】*Treron sieboldii*

【英 文 名】White-bellied Green Pigeon

【别　　名】绿斑鸠

【形态特征】中型鸟类，体长 21~33 厘米。腹部近白色。雄鸟翼覆羽绛紫色，上背偏灰，头顶橘黄色；雌鸟以绿色为主，眼周裸皮偏蓝。虹膜红色；嘴偏蓝色；脚红色。

【生态习性】旅鸟；栖息于海拔 2000 米以下的山地针叶林和针阔叶混交林中，有时也见于林缘耕地；主要以山樱桃、草莓等浆果为食；繁殖期 5~6 月，窝卵数 2 枚。

【居留状况】分布于全国各地。地方性常见。长岛域内罕见。

【保护状况】LC(无危)；国家二级保护野生动物。

鹃形目

　　鹃形目鸟类多为中等体形，身上遍布斑纹，一般雌雄颜色差异不大，有些种类雌雄异色。除个别种类外，该目鸟类均为树栖性鸟类，均为夏候鸟。其中，大杜鹃因为鸣声脍炙人口，在其迁徙的日期现在被当作物候监测的主要指示物种之一。鹃形目部分物种有"巢寄生"习性，它们将卵产于其他鸟类的巢中。鹃形目鸟类分布极广，主要类群为杜鹃科。

陈婷 / 摄

陈婷 / 摄

北棕腹鹰鹃 鹃形目 | 杜鹃科

【学 名】*Hierococcyx hyperythrus*

【英 文 名】Northern Hawk-cuckoo

【形态特征】中型鸟类，体长 28~30 厘米。颈后、三级飞羽具白斑，下体红棕色且具淡灰色不明显条纹。尾羽端中间深色斑较窄，端部红棕色。虹膜褐色，眼圈黄色；嘴黑色，基部和端部黄色；脚黄色。

【生态习性】夏候鸟；栖息于山地森林和林缘灌丛地带，单独活动，喜隐匿在树冠部鸣叫；主要以松毛虫、毛虫、尺蠖等昆虫为食；繁殖期 5~6 月，巢寄生。

【居留状况】繁殖于东北、华北，迁徙经华东、华南，包括台湾。全国少见。长岛域内偶见。

【保护状况】LC(无危)。

顾晓军 / 摄

大鹰鹃　　鹃形目｜杜鹃科

【学　　名】*Hierococcyx sparverioides*

【英 文 名】Large Hawk-cuckoo

【形态特征】体形较大，体长 38~42 厘米。尾端白色，胸棕色，具白色及灰色斑纹，腹部具白色及褐色横斑，颏黑色。虹膜橘黄色。上嘴黑色；下嘴黄绿色；脚浅黄色。

【生态习性】性较隐蔽，藏匿于林间鸣叫而难见踪迹。巢寄生。

【居留状况】除东北、新疆、青海西部和西藏北部外，全国各地都有分布。长岛域内偶见。

【保护状况】LC(无危)。

向定乾 / 摄

棕腹鹰鹃　　鹃形目 | 杜鹃科

【学　　名】*Hierococcyx nisicolor*

【英 文 名】Hodgson's Hawk-cuckoo

【形态特征】中等体形，体长 28 厘米。额黑，喉偏白，枕部具白色条带，上体青灰色，胸棕色，腹白，尾羽具棕色狭边。虹膜红色或黄色；嘴黑色；脚黄色。

【生态习性】旅鸟；栖息于山地森林和林缘灌丛地带；主要以松毛虫、毛虫、尺蠖等昆虫为食；繁殖期为 5~6 月，巢寄生。

【居留状况】繁殖于西南至华中、华东、华南。全国少见。长岛域内偶见。

【保护状况】LC(无危)。

陈云江 / 摄

小杜鹃　　鹃形目 | 杜鹃科

【学　　名】*Cuculus poliocephalus*

【英 文 名】Asian Lesser Cuckoo

【别　　名】小郭公、小布谷鸟

【形态特征】小型鸟类, 体长 24~26 厘米。上体灰色, 喉和胸淡灰色, 腹部白色且具黑横斑纹, 翅下白色, 尾和尾上覆羽黑灰色, 尾及端部具白斑。雌鸟小, 胸部沾少许红褐色, 棕色型的除腰外全身具黑色横纹。

【生态习性】夏候鸟；栖息于河谷疏林灌丛、田野；性孤僻；飞行轻盈迅速；常隐藏在灌丛枝叶间反复鸣叫；主要以松毛虫等昆虫为食；繁殖期 6~8 月, 巢寄生。

【居留状况】除新疆、宁夏外, 见于我国各地。地方性常见。长岛域内偶见。

【保护状况】LC(无危)。

朱英/摄

四声杜鹃　　鹃形目｜杜鹃科

【学　　名】*Cuculus micropterus*

【英 文 名】Indian Cuckoo

【别　　名】关公好哭、光棍背锄

【形态特征】中型鸟类，体长 31~34 厘米。雄鸟头、颈灰色，背灰褐色；雌鸟头、颈、胸、背染棕褐色。雌雄鸟下体灰白色具黑色粗横带，尾具白斑和黑色宽带。虹膜暗褐色；眼圈黄色；上嘴黑色，下嘴偏黄色；脚黄色。

【生态习性】夏候鸟；栖息于山地森林和山麓平原地带森林；机警而胆怯，行踪不定，边飞边叫；主要以昆虫为食，兼食少量植物性食物；繁殖期 5~7 月，巢寄生。

【居留状况】除新疆外，见于我国各地。地方性常见。长岛域内偶见。

【保护状况】LC(无危)。

丰淑亮 / 摄

大杜鹃　　鹃形目 | 杜鹃科

【学　　名】*Cuculus canorus*

【英 文 名】Common Cuckoo

【别　　名】郭公鸟、布谷鸟

【形态特征】中型鸟类，体长 32~35 厘米。雄鸟头颈至前胸、上体灰色，腹部近白色而具黑色横斑。雌鸟头颈至前胸、上体、尾羽棕色，背部具黑色横斑，腹白色而具黑色细密横斑纹。幼鸟枕部有白色块斑。虹膜及眼圈黄色；嘴上部深色而下部黄色；脚黄色。

【生态习性】夏候鸟；栖息于山地、丘陵和平原地带森林；单独活动，飞行振翅幅度大且无声，繁殖期边飞边鸣；以昆虫为食；繁殖期 5~7 月，巢寄生。

【居留状况】分布于东北、华北、西北及台湾。长岛域内偶见。

【保护状况】LC(无危)。

丰淑亮 / 摄

陈云江 / 摄

丰淑亮 / 摄

中杜鹃　　鹃形目｜杜鹃科

【学　　名】*Cuculus saturatus*

【英 文 名】Himalayan Cuckoo

【别　　名】筒鸟、中喀咕、蓬蓬鸟、山郭公

【形态特征】体形略小的灰色杜鹃, 体长25~34厘米。胸及上体灰色, 腹部及两胁多具宽横斑; 与大杜鹃、四声杜鹃区别在于其胸部横斑较粗。虹膜红褐色; 眼圈黄色; 嘴角质色; 脚橘黄色。

【生态习性】夏候鸟; 栖息于山地、平原林地; 无固定活动地点, 游动性大, 常隐匿于树冠发出低沉、单调和重复鸣叫; 主食昆虫; 繁殖期5~7月, 巢寄生。

【居留状况】西南、华南地区至中东部, 北至河北东北部都有分布。地方性常见。长岛域内偶见。

【保护状况】LC(无危)。

鸨形目

鸨形目鸟类为大中型陆禽，形态似鸵鸟但善飞行。头小，喙短而有力，颈细长。雌雄异色但差异不大，多以褐色、白色、黑色和棕色为主。两翼宽阔，腿长而有力，善奔跑，体态健硕，飞行姿态似鹤但脚不伸出或略伸出尾端。鸨形目鸟类多栖息于开阔的荒漠、戈壁和草原，常集小群活动；杂食性，主要以植物的芽、嫩叶、种子为食，也吃昆虫、小型两栖爬行动物等，部分种类具迁徙习性。

顾晓军 / 摄

大 鸨 鸨形目 | 鸨科

【学　　名】*Otis tarda*

【英 文 名】Great Bustard

【别　　名】地鵏、老鸨、独豹、野雁

【形态特征】大型陆栖鸟类，体形硕大，体长 90~105 厘米。头灰色，颈棕色，上体具宽大的棕色及黑色横斑，下体及尾下白色。繁殖雄鸟颈前有白色丝状羽，飞行时翼偏白。虹膜黄色；嘴偏黄；脚黄褐色。

【生态习性】冬候鸟；主要栖息于开阔平原、荒漠、河谷农田；冬季成群，性机警，极难接近，飞行轻盈无声；食物以植物为主，兼食无脊椎动物。

【居留状况】繁殖于新疆（北部）、内蒙古（东部）、吉林（西部）及黑龙江（西南部）。越冬于华北、黄河、渭河及长江流域，南可远及贵州草海。长岛域内罕见。

【保护状况】VU(易危)；国家一级保护野生动物。

鸮形目

鸮形目鸟类俗称为"猫头鹰"，大部分种类为夜行性。体形大小不一，嘴强健，尖部弯曲，脚强劲有力，均常被羽毛。小型种类主要捕食昆虫；中等体形种类取食广泛，如昆虫、鱼类、两栖爬行类、啮齿类动物等；大型种类主要捕食啮齿动物，有时也食昆虫和鸟类。

顾晓军 / 摄

顾晓军 / 摄

领角鸮   鸮形目 | 鸱鸮科

【学　　名】*Otus lettia*

【英 文 名】Collared Scops Owl

【别　　名】小猫头鹰

【形态特征】中型鸮类，体长23~25厘米。偏灰或偏褐色角鸮，具明显耳羽簇及浅沙色领圈。上体通常为灰褐色或沙褐色，并杂有暗色虫蠹状斑和黑色羽干纹；下体白色或皮黄色，缀有淡褐色波状横斑和黑色羽干纹，前额和眉纹皮黄白色或灰白色。虹膜褐色；嘴角沾绿色；脚污黄色。

【生态习性】留鸟；栖息于山地阔叶林和混交林；单独活动，夜行性；主要以鼠类和昆虫为食。

【居留状况】常见留鸟。分布于西南、华南至华东的大多数地区。长岛域内偶见。

【保护状况】LC(无危)；国家二级保护野生动物。

领角鸮

领角鸮为国家二级保护野生动物，在长岛属于不
常见鸟种，为秋季最早迁徙的鸟类之一。

顾晓军 / 摄

顾晓军 / 摄

红角鸮 鸮形目｜鸱鸮科

【学　　名】*Otus sunia*

【英 文 名】Oriental Scops Owl

【别　　名】普通角鸮、东方猫头鹰

【形态特征】小型鸮类，体长 16~22 厘米。有褐色和灰色两种类型，脸盘灰褐色，边缘黑褐色，眉与耳羽内侧淡黄色，颈后具淡黄色横斑。虹膜黄色；嘴角质灰色；脚褐灰色。

【生态习性】夏候鸟；栖息于山地阔叶林和混交林；夜行性，单独活动，繁殖期常鸣叫；主要以鼠类、甲虫、蝗虫、鞘翅目昆虫为食；繁殖期 5~8 月，树洞营巢，窝卵数 3~6 枚，雌鸟孵卵，雏鸟晚成。

【居留状况】广泛分布于我国东部地区，多为各地夏候鸟及旅鸟。春秋两季鸟类迁徙季节长岛域内常见。

【保护状况】LC(无危)；国家二级保护野生动物。

顾晓军／摄

徐永春／摄

雕 鸮　　鸮形目｜鸱鸮科

【学　　名】*Bubo bubo*

【英 文 名】Eurasian Eagle-owl

【别　　名】猫头鹰、恨狐

【形态特征】大型鸮类，体长 59~73 厘米。耳簇羽长，眼大而圆，颏至前胸污白色、少纹，胸部黄色，多具深褐色纵纹且每片羽毛均具褐色横斑，体羽褐色斑驳，脚被羽。虹膜橘黄色；嘴灰色；脚黄色。

【生态习性】留鸟；栖息于山地森林、荒野、峭壁等各类生境；夜行性，白天常注视靠近者；飞行无声；以各种鼠类为主要食物；繁殖期 4~6 月，树洞、峭壁营巢，窝卵数 2~5 枚，雌鸟孵卵，雏鸟晚成。

【居留状况】除海南及台湾地区外，广泛分布于我国各地。长岛域内偶见。

【保护状况】LC(无危)；国家二级保护野生动物。

顾晓军 / 摄

纵纹腹小鸮　　鸮形目 ｜ 鸱鸮科

【学　　名】*Athene noctua*

【英 文 名】Little Owl

【别　　名】小猫头鹰、小鸮

【形态特征】小型鸮类，体长 20~26 厘米。无耳羽簇，头顶平，眉色浅，白色髭纹宽阔，上体褐色，具白色纵纹及点斑，肩上有两道白色或皮黄色横斑。虹膜亮黄色；嘴角质黄色；脚被白色羽。

【生态习性】留鸟；栖息于低山丘陵、林缘灌丛和平原森林地带，夜行性，单独活动；主要以昆虫和鼠类为食；繁殖期 5~7 月，洞穴营巢，窝卵数 3~5 枚，雌鸟孵卵，雏鸟晚成。

【居留状况】不常见留鸟。分布于东北及华北地区。长岛域内偶见。

【保护状况】LC(无危)；国家二级保护野生动物。

顾晓军 / 摄

顾晓军 / 摄

日本鹰鸮　鸮形目｜鸱鸮科

【学　　名】*Ninox japonica*

【英 文 名】Northern Boobook

【别　　名】北鹰鸮

【形态特征】中型鸮类，体长 27~33 厘米。头部黑褐色，极似鹰鸮，但胸腹部纵纹有异。虹膜亮黄色；嘴蓝灰色；蜡膜绿色；脚黄色。

【生态习性】夏候鸟；栖息于海拔 2000 米以下的针阔叶混交林和阔叶林中；晨昏活动；主要以鼠类、小鸟和昆虫等为食；繁殖期 5~7 月，树洞营巢，窝卵数 3 枚雌鸟孵卵，雏鸟晚成。

【居留状况】国内繁殖于东北、华北、华中等地区，迁徙时见于东部地区。春秋两季鸟类迁徙季节在长岛域内常见。

【保护状况】LC(无危)；国家二级保护野生动物。

顾晓军 / 摄

顾晓军 / 摄

长耳鸮　　鸮形目｜鸱鸮科

【学　　名】*Asio otus*

【英 文 名】Long-eared Owl

【别　　名】猫头鹰、长耳猫头鹰、夜猫子

【形态特征】中型鸮类，体长 33~40 厘米。上体黄褐色且具暗色斑块及黄、白色点斑。下体黄色且具黑褐色纵纹。羽毛黄色，脸盘圆形，边缘具黑褐色和白色，具明显耳簇羽，眼间具明显白色"X"形斑纹。虹膜橙黄色；嘴黑色；较偏粉色。

【生态习性】冬候鸟；栖息于各类森林；夜行性，晨昏活跃；多单独活动，冬季可形成小群；主要捕食鼠类、小鸟；繁殖期 4~6 月，通常利用其他鸟类的旧巢，有时也在树洞营巢，窝卵数 4~6 枚，雌鸟孵卵，雏鸟晚成。

【居留状况】除青藏高原和海南外，广泛分布于我国大多数地区。北方繁殖，南方越冬，新疆中部有留鸟种群。春秋两季鸟类迁徙季节在长岛域内常见。

【保护状况】LC(无危)；国家二级保护野生动物。

王成军／摄

顾晓军 / 摄

顾晓军 / 摄

顾晓军 / 摄

短耳鸮　　鸮形目｜鸱鸮科

【学　　名】*Asio flammeus*

【英 文 名】Short-eared Owl

【别　　名】猫头鹰、短耳猫头鹰

【形态特征】中型鸮类，体长 35~40 厘米。脸盘显著，短小耳羽与暗色眼圈使其区别于长耳鸮。上体黄褐色，遍布黑色和皮黄色纵纹；下体皮黄色且具深褐色纵纹。翼长，飞行时黑色的腕斑易见。虹膜黄色；嘴黑色；脚偏白。

【生态习性】冬候鸟；栖息于低山、丘陵、沼泽、河谷草地等各类生境；晨昏活动频繁，常在河谷草滩低空巡游；主要以鼠类为食。

【居留状况】除青藏高原外，广泛分布于我国大部分地区。东北北部地区夏候鸟，多数地区为旅鸟和冬候鸟。春秋两季鸟类迁徙季节在长岛域内常见。

【保护状况】LC(无危)；国家二级保护野生动物。

顾晓军 / 摄

草 鸮 鸮形目│草鸮科

【学　　名】*Tyto longimembris*

【英 文 名】Eastern Grass Owl

【别　　名】猴面鹰、猴子鹰、白胸草鸮

【形态特征】中型鸮类，体长 32~38 厘米。面盘心形似仓鸮，但脸及胸部皮黄色更浓；上体深褐色，全身布满点斑和蠕虫状细纹。虹膜褐色；嘴米黄色；脚略白。

【生态习性】夏候鸟；栖息于山麓浓密灌草 丛；夜行性，飞行无声；以鼠类、蛙类、蛇类、鸟卵为食；繁殖期 3~6 月，地面营巢，窝卵数 3~8 枚，雏鸟晚成。

【居留状况】分布于从云南至湖北至山东的大部分地区。长岛域内罕见。

【保护状况】LC(无危)；国家二级保护野生动物。

夜鹰目

夜鹰目鸟类嘴短且软,基部宽阔,嘴须发达,雌雄相似。该目鸟类主要栖息在森林中,常见于山地森林的空地,有时也出现在城市建筑物上。为夜行性鸟类,食物以昆虫为主。夜鹰目鸟类分布广泛,几乎分布于全世界。

顾晓军 / 摄

普通夜鹰　　夜鹰目｜夜鹰科

【学　　名】*Caprimulgus jotaka*
【英 文 名】Grey Nightjar
【别　　名】蚊母鸟、贴树皮
【形态特征】中型鸟类，体长 24~29 厘米。头和背面暗褐色，有大而长的黑色纵纹和褐色虫蠹斑；喉侧各有一大白斑；腹部羽毛灰褐色与黄白色横纹相间；尾有黑褐色横带，外侧 4 对尾羽具白色近端斑。
【生态习性】夏候鸟；栖息于海拔 3000 米以下的阔叶林和针阔叶混交林，夜行性，晨昏活跃，典型的夜鹰式飞行；鸣声尖利、高速、重复；主要以昆虫为食；繁殖期 5~8 月，地面营巢，窝卵数 2 枚，双亲共同孵卵育雏。
【居留状况】全国各地均有分布。长岛域内偶见。
【保护状况】LC(无危)。

18

中国长岛
鸟类图鉴

雨燕目

　　雨燕目鸟类嘴短而扁，尖端稍稍弯曲，基部较宽；翅膀尖而长，飞行能力非常强；尾形变化较大，多数种类为叉状尾。雨燕目鸟类常在空中飞行捕食昆虫，速度快且十分敏捷。该目鸟类分布范围极广，为世界性广布类群。

白喉针尾雨燕　　雨燕目│雨燕科

【学　　名】*Hirundapus caudacutus*
【英 文 名】White-throated Needletail
【形态特征】小型鸟类，体长 19~21 厘米。额及喉白色，尾下覆羽白色，三级飞羽具小块白色，背褐色，上具银白色马鞍形斑块。虹膜深褐色；嘴、脚黑色。
【生态习性】夏候鸟；成群栖息于山地悬崖岩石缝隙；飞行迅速且不停歇；空中觅食，主要以双翅目、鞘翅目等飞行性昆虫为食；繁殖期为 5~7 月，营巢于悬崖石缝和树洞，窝卵数 2~6 枚，雏鸟晚成。
【居留状况】迁徙经东北、华北及华中地区，越冬于东南地区。长岛域内偶见。
【保护状况】LC(无危)。

李航 / 摄

普通雨燕　　雨燕目│雨燕科

【学　　名】*Apus apus*
【英 文 名】Common Swift
【别　　名】普通楼燕
【形态特征】体形较大，体长 16~19 厘米。翼狭长而尖，尾叉深。额及颏偏白，余部棕褐色。虹膜褐色；嘴、腿黑色。
【生态习性】夏候鸟；群栖于平原、林地、城市古建筑区，飞行急速不知疲倦，空中捕食昆虫；筑巢于古建筑壁龛、岩石缝隙火或洞穴内，窝卵数 2~4 枚，雏鸟晚成。
【居留状况】见于东北、华北和西北地区，向南可分布至四川（北部）、湖北（西部）和江苏（北部），迁徙经过西南多地。长岛域内常见。
【保护状况】LC(无危)。

刘毅 / 摄

白腰雨燕　　雨燕目│雨燕科

【学　　名】*Apus pacificus*
【英 文 名】Pacific Swift
【别　　名】雨燕、白尾根雨燕
【形态特征】小型鸟类，体长 17~20 厘米。额偏白，头顶至上背具淡色羽缘，下背、两翅表面和尾上覆羽微具光泽，腰白色，尾长而尾叉深。虹膜深褐色；嘴黑色；脚偏紫色。
【生态习性】夏候鸟；成群栖息于陡峻山坡、悬崖、河流、水库等地；飞捕空中各种昆虫；繁殖期 5~7 月，营巢于悬崖裂缝，窝卵数 2~3 枚，双亲育雏，雏鸟晚成。
【居留状况】分布于中国北方及华东、华南地区。长岛域内常见。
【保护状况】LC(无危)。

王小平 / 摄

佛法僧目

佛法僧目鸟类色彩比较鲜艳，翅膀大且宽阔，雌雄颜色基本相似，有些种类稍有区别。佛法僧目鸟类栖息环境多样，大部分种类为树栖性，以植物果实为主食，有些种类也取食昆虫和鱼类等。取食方式多样，有些在地面取食；有些种类飞行能力较强，在空中取食；翠鸟等则常在水边取食鱼类。佛法僧目鸟类遍布全世界，分布范围较广。

王小平 / 摄

三宝鸟　佛法僧目｜佛法僧科

【学　　名】*Eurystomus orientalis*

【英 文 名】Oriental Dollarbird

【别　　名】老鸹翠、佛法僧、阔嘴鸟

【形态特征】中型鸟类，体长 26~32 厘米。头蓝黑色，通体蓝绿色闪光辉，飞羽深蓝色且具白斑，尾羽深蓝色。虹膜褐色；嘴珊瑚红色而端黑；脚橘红色。

【生态习性】夏候鸟；栖息于针阔叶混交林和阔叶林林缘路边及河谷两岸高大乔木或电线上；飞行姿势怪异、飘忽不定，空中飞行捕食各种昆虫；繁殖期 5~8 月，树洞营巢，窝卵数 3~4 枚，雌雄轮流孵卵，雏鸟晚成。

【居留状况】常见繁殖鸟及旅鸟。除新疆、青海、西藏外，广布于全国各地。长岛域内罕见。

【保护状况】LC(无危)。

顾晓军 / 摄

蓝翡翠　　佛法僧目｜翠鸟科

【学　　名】*Halcyon pileata*

【英 文 名】Black-capped Kingfisher

【别　　名】蓝袍鱼狗、喜鹊翠、蓝鱼狗

【形态特征】中型鸟类，体长 26~31 厘米。头黑色，喉、胸、颈白色。上体蓝色，飞羽具大块白斑。下体淡橙红色，尾上蓝色，尾下黑色。虹膜深褐色，嘴、脚红色。

【生态习性】夏候鸟；栖息于山涧溪流、山麓及平原地带的河流与沼泽；常单独长时间静立水边伺机捕鱼、虾等水生动物；繁殖期 5~7 月，凿洞营巢于土崖壁或河流堤坝，窝卵数 4~6 枚，雌雄轮流孵卵，雏鸟晚成。

【居留状况】常见于我国东北至西南、华南的广大地区，包括台湾和海南。长岛域内偶见。

【保护状况】LC(无危)。

顾晓军 / 摄

普通翠鸟　佛法僧目｜翠鸟科

顾晓军 / 摄

【学　　名】*Alcedo atthis*

【英 文 名】Common Kingfisher

【别　　名】打鱼郎、小鱼狗、钓鱼郎、翠雀儿

【形态特征】小型鸟类，体长 15~17 厘米。上体金属浅蓝绿色，颈侧具白色点斑。下体橙棕色，颏白。橘黄色条带横贯眼部及耳羽。幼鸟色黯淡，具深色胸带。虹膜褐色；雄鸟嘴黑色；雌鸟下颚橘黄色；脚红色。

【生态习性】留鸟；栖息于有灌丛或疏林生长的小河、溪流、湖泊以及灌溉渠等水域；喜停留水边石头、孤立横枝，伺机入水捕食小型鱼类；繁殖期 5~7 月，凿洞营巢于水边土石岩壁，窝卵数 4~6 枚。

【居留状况】分布于全国各地。长岛域内常见。

【保护状况】LC(无危)。

犀鸟目

戴胜科鸟类头上具明显冠羽，嘴细长，雌雄酷似。犀鸟目鸟类栖息于开阔生境，喜人工环境，有时也见于山地高海拔森林中。犀鸟目鸟类一般在地面取食，食物以昆虫为主；在高大树木的树洞中营巢，雌鸟孵卵，卵化期由雄鸟喂食，出壳后双亲育雏。该目鸟类主要分布在非洲和亚洲南部。

顾晓军 / 摄

丰淑亮 / 摄

顾晓军 / 摄

戴 胜　　犀鸟目｜戴胜科

【学　　名】*Upupa epops*

【英 文 名】Common Hoopoe

【别　　名】花和尚、鸡冠鸟、臭鸪鸪

【形态特征】中型鸟类, 体长 25~31 厘米。雌雄酷似。橘红色羽冠展开时呈扇形, 端斑黑色, 次端斑白色。头、上体、肩、颈橘红色, 尾具白色弧形宽端斑, 翅具黑白相间带斑。虹膜褐色; 嘴黑色且细长下弯; 脚黑色。

【生态习性】夏候鸟; 栖息于低山、丘陵、农耕地、果园甚至城市绿地; 警觉或降落后羽冠短暂开启, 不甚惧人; 以长嘴在草地寻找各种昆虫、蚯蚓等; 繁殖期 4~6 月, 树洞或岩洞营巢, 窝卵数 6~8 枚, 雌鸟孵卵, 雏鸟晚成。

【居留状况】除新疆南部和西藏北部外, 分布遍及全国, 北方和西部地区非常常见, 华东、华南地区易见或偶见。长岛域内常见。

【保护状况】LC(无危)。

啄木鸟目

　　啄木鸟目鸟类嘴强健，喜欢啄木取食，常被统称为啄木鸟。该目鸟类舌头较长，舌尖具逆钩，有利于取食树干中的昆虫；一般栖息于森林中，在树上取食，食物主要为动物性。除澳大利亚、马达加斯加和高纬度地区外，啄木鸟目鸟类分布于全世界。

雌性 王小平 / 摄

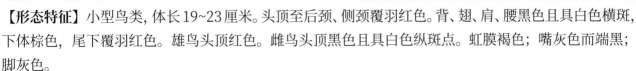

雄性 丰淑亮 / 摄

棕腹啄木鸟　　啄木鸟目｜啄木鸟科

【学　　名】*Dendrocopos hyperythrus*

【英 文 名】Rufous-bellied Woodpecker

【别　　名】叨叨木

【形态特征】小型鸟类, 体长19~23厘米。头顶至后颈、侧颈覆羽红色。背、翅、肩、腰黑色且具白色横斑, 下体棕色, 尾下覆羽红色。雄鸟头顶红色。雌鸟头顶黑色且具白色纵斑点。虹膜褐色；嘴灰色而端黑；脚灰色。

【生态习性】留鸟；栖息于混交林、针叶林；单个和成对活动, 多在树干中上部攀爬；以昆虫为主食；繁殖期4~6月, 树洞营巢, 窝卵数2~5枚, 雌雄轮流孵卵, 雏鸟晚成。

【居留状况】为西南地区的留鸟, 见于西藏、四川和云南（西部）。繁殖于黑龙江, 越冬于广东、广西、贵州、四川等地, 迁徙经东部各地。长岛域内偶见。

【保护状况】LC(无危)。

王小平 / 摄

丰淑亮 / 摄

蚁䴕   啄木鸟目 ｜ 啄木鸟科

【学　　名】*Jynx torquilla*

【英 文 名】Eurasian Wryneck

【别　　名】蛇岛皮、歪脖

【形态特征】小型鸟类，体长 16~19 厘米。嘴短直、呈锥形。整体灰褐色，体羽斑驳杂乱似树皮。上体具褐色蠹斑，下体皮黄色具暗色横斑，翅与尾淡锈红色。虹膜淡褐色；嘴角质色；脚褐色。

【生态习性】旅鸟；常单独栖息于低山、林缘、果园灌木丛和低矮乔木林，不攀爬树干也不啄木；主要以蚂蚁及其卵等昆虫为食，也用长舌舔食花蜜。

【居留状况】广泛分布于全国各地。北方的夏候鸟，南方的冬候鸟，迁徙经国内大部分地区。长岛域内罕见。

【保护状况】LC(无危)。

雀形目

雀形目鸟类形态特征差异十分明显，大多数为杂食性，以植物为主，有些种类也取食脊椎动物和昆虫。该目鸟类几乎分布于世界各个大陆以及岛屿的所有生境。

赵军 / 摄

蓝翅八色鸫   雀形目｜八色鸫科

【学　　名】*Pitta moluccensis*

【英 文 名】Blue-winged Pitta

【别　　名】五色轰鸟、印度八色鸫

【形态特征】中型鸟类，体长 22~24 厘米。蓝翅八色鸫以身体具有红、绿、蓝、白、黑、黄、褐、栗等鲜艳夺目，丰富艳丽的色彩而得名，是很有观赏价值的鸟类。实际它身上所具有的颜色不止八种色彩，头部前额至枕部为深栗褐色，冠纹黑色，眉纹呈茶黄色，眼先、颊、耳羽和颈侧都是黑色，并与冠纹在后颈处相连，形成领斑状。背部为亮油绿色，翅膀、腰部和尾羽为亮粉蓝色。下体呈淡茶黄色，腹部中央至尾下覆羽都是猩红色。虹膜暗褐色或棕褐色，眼周皮肤蓝色，嘴角褐色或黑色，跗跖棕褐色或粉肉色。

【生态习性】主要栖息于海拔 200 米以下的平坝和丘陵落叶很厚的各种类型的树林中，也见于林缘溪流边的灌丛和小树上，田坝区的榕树和村寨边的小树上，以及竹林等环境。主要以甲虫、白蚁、鳞翅目、鞘翅目的昆虫和蚯蚓、蜈蚣等小动物为食，取食多在密林落叶地面上，夜晚则栖息于树上。

【居留状况】见于云南南部，上海、广东、广西、海南和台湾均有迷鸟记录。长岛域内罕见。

【保护状况】LC(无危)；国家二级保护野生动物。

雄性 顾晓军 / 摄

雌性 丰淑亮 / 摄

雄性 顾晓军 / 摄

黑枕黄鹂　　雀形目 | 黄鹂科

【学　　名】*Oriolus chinensis*

【英 文 名】Black-naped Oriole

【别　　名】黄鹂、黄瓜喽

【形态特征】中型鸟类，体长 23~28 厘米。体羽金黄色，翅、飞羽黑色，尾羽黑色而羽端黄色，两条醒目的黑色贯眼纹至枕部而封闭。雌鸟背部沾橄榄绿色，下胁部有时可见不明显纵纹。亚成鸟、幼鸟腹部具明显纵纹。虹膜红色；嘴粉红色；脚近黑色。

【生态习性】夏候鸟；栖息于次生阔叶林、混交林，尤其喜欢天然栎树林和杨木林；性隐蔽，常隐身于树冠部鸣唱；主要以昆虫为食；繁殖期 5~7 月，树冠水平树枝营巢，窝卵数 3~5 枚，雌鸟孵卵，双亲共同育雏，雏鸟晚成。

【居留状况】广泛分布于除西藏、新疆、青海、甘肃（西部）外的大部分地区。东北地区记录较少，华北及以南较为易见。长岛域内常见。

【保护状况】LC(无危)。

王小平 / 摄

灰山椒鸟　　雀形目｜山椒鸟科

【学　　名】*Pericrocotus divaricatus*

【英 文 名】Ashy Minivet

【别　　名】十字鸟

【形态特征】中型鸟类，体长 17~19 厘米。前额、颈侧白色，过眼纹黑色。上体灰色，两翅黑色，翅上具白色翅斑。下体均白色，尾黑色而外侧尾羽白色。雄鸟头顶后部至后颈黑色，雌鸟头顶后部至上体灰色。

【生态习性】旅鸟；繁殖期栖息于针阔混交林和落叶阔叶林，非繁殖期出现在林缘次生林、河谷及村落疏林；常成群在树冠上空盘旋；以昆虫及其幼虫为食。

【居留状况】繁殖于东北地区，迁徙时经陕西南部至四川中部以东的广大地区，台湾和云南南部有越冬个体。长岛域内偶见。

【保护状况】LC(无危)。

丰淑亮 / 摄

黑卷尾　雀形目｜卷尾科

【学　　名】*Dicrurus macrocercus*

【英 文 名】Black Drongo

【别　　名】铁炼甲、大卷尾

【形态特征】中型鸟类，体长 24~30 厘米。体羽蓝黑色而具金属光泽。嘴小，尾长而叉深，在风中常上举成一奇特角度。亚成鸟下体具近白色横纹。虹膜红色；嘴及脚黑色。

【生态习性】夏候鸟；栖息于城郊、村庄附近，喜停歇于小树或电线；以膜翅目、鞘翅目及鳞翅目等昆虫为食；繁殖期 5~7 月，树冠层营巢，窝卵数 3~4 枚，同步孵化，雌雄轮流，雏鸟晚成。

【居留状况】分布于全国各地。在黑龙江、吉林、内蒙古等地为迷鸟或偶见，在西北地区偶见。长岛域内偶见。

【保护状况】LC(无危)。

顾晓军 / 摄

顾晓军 / 摄

灰卷尾　　雀形目｜卷尾科

【学　　名】*Dicrurus leucophaeus*
【英 文 名】Ashy Drongo
【别　　名】灰铁炼甲
【形态特征】中型鸟类，体长 26~28 厘米。脸偏白，尾长而深开叉，各亚种色度不同。虹膜橙红色；嘴灰黑色；脚黑色。
【生态习性】夏候鸟；栖息于 600~2500 米的平原丘陵、村庄、河谷或山区，通常成对或单个停留在高大乔木树冠顶端或山区岩石顶上，也栖于高大杨树顶端；以鞘翅目、膜翅目和鳞翅目等幼虫和成虫为食；繁殖期 4~7 月，窝卵数 3~4 枚。
【居留状况】分布于秦岭—淮河以南，向西可至甘肃（南部）、四川和云南（东部），适宜生境较为常见。山东、北京等地有零星记录，长岛域内偶见。
【保护状况】LC(无危)。

林植 / 摄

发冠卷尾　　雀形目｜卷尾科

【学　　名】*Dicrurus hottentottus*

【英 文 名】Hair-crested Drongo

【别　　名】山黎鸡、黑铁练甲

【形态特征】中型鸟类，体长 29~34 厘米。头具细长羽冠，体羽天鹅绒色，闪烁金属光泽，尾长而分叉，外侧羽端钝而上翘，形式竖琴。虹膜红色或白色；嘴及脚黑色。

【生态习性】夏候鸟；栖息于常绿阔叶林、次生林或人工松林；空中飞行捕食各种昆虫；繁殖期 5~7 月，树冠营巢，窝卵数 3~4 枚，同步孵化，雌雄轮流，雏鸟晚成。

【居留状况】繁殖于华北、华中、华南和西南地区，云南西南部、南部及海南岛有越冬种群，黑龙江、宁夏有迷鸟记录。长岛域内偶见。

【保护状况】LC(无危)。

寿 带　雀形目 | 王鹟科

【学　名】*Terpsiphone incei*

【英 文 名】Amur Paradise Flycatcher

【形态特征】中型鸟类，体长 20~42 厘米。雄鸟有两种色型，头黑色，冠羽显著，上体赤褐色，下体近灰色，中央两根尾羽长达身体的 4~5 倍；雌鸟棕褐色，尾羽无延长。虹膜褐色，眼周裸露皮肤蓝色；嘴蓝色，嘴端黑色；脚蓝色。

【生态习性】夏候鸟；栖息于海拔 1200 米以下的低山丘陵和山脚平原地带的林地；主要以昆虫及其幼虫为食；繁殖期 5~7 月，窝卵数 2~4 枚。

【居留状况】除内蒙古、青海、新疆、西藏外，我国各地均有分布，为常见的夏候鸟和旅鸟。长岛域内偶见。

【保护状况】LC(无危)。

李航 / 摄

雌性 李航 / 摄

雄性 李航 / 摄

紫寿带　雀形目 | 王鹟科

【学　名】*Terpsiphone atrocaudata*

【英 文 名】Janpanese Paradise Flycatcher

【别　名】日本寿带鸟

【形态特征】小型鸟类，体长 18.5~40 厘米。雄鸟整个头、颈、羽冠、喉和上胸均为金属蓝黑色，背、肩等上体深紫栗色，翼和尾暗栗色，两枚中央尾羽特形、延长。胸、上腹和两胁暗灰色，其余下体白色。雌鸟和雄鸟相似，但体色较浅，中央尾羽不延长。虹膜深褐色；嘴蓝色；脚铅黑色。

【居留状况】迁徙经过华东至华南的沿海地区及台湾；繁殖于台湾兰屿，部分个体为当地留鸟。长岛域内偶见。

【保护状况】LC(无危)。

陈云江 / 摄

灰伯劳　　雀形目 | 伯劳科

【学　　名】*Lanius borealis*

【英 文 名】Northern Shrike

【别　　名】寒露儿、北寒露

【形态特征】中型鸟类，体长22~26厘米。体形略大的灰色、黑色和白色伯劳，雄鸟头、颈、背及腰灰色，具粗大黑色过眼纹，两翼黑色具白色横纹，尾黑色而边缘白色，下体近白色；雌鸟似雄鸟但色较暗淡。虹膜褐色；嘴黑色；脚偏黑。

【生态习性】旅鸟；栖息于开阔有林地、农田、果园；喜停歇于树梢干枝或电线；以啮齿类、小型鸟类和蜥蜴为主食。

【居留状况】越冬于辽宁（东部）、河北（北部）、内蒙古（中部）、甘肃（西北部）及新疆（东北部）。长岛域内常见。

【保护状况】LC(无危)。

顾晓军 / 摄

虎纹伯劳 雀形目｜伯劳科

【学　　名】*Lanius tigrinus*

【英 文 名】Tiger Shrike

【别　　名】马伯劳

【形态特征】小型鸟类，体长 17~18.5 厘米。雄鸟头顶、颈背灰色，背、两翼及尾栗色且具黑色横纹，过眼纹宽，黑色，下体白色，两胁具褐色横斑，雌鸟眼先及眉纹色淡。虹膜褐色；嘴蓝色而端黑色；脚灰色。

【生态习性】夏候鸟；栖息于平原到山地、河谷林缘及疏林地带；主要以昆虫为食，也捕食啮齿类和小型鸟类；繁殖期 5~7 月，矮树灌丛营巢，窝卵数 3~6 枚，同步孵化，雌鸟孵卵，共同育雏，雏鸟晚成。

【居留状况】繁殖于东北至华中、华东及西南地区，华南地区偶有越冬记录，台湾有少量过境记录，迷鸟至青海。长岛域内偶见。

【保护状况】LC(无危)。

王小平 / 摄

牛头伯劳　　雀形目 | 伯劳科

【学　　名】*Lanius bucephalus*

【英 文 名】Bull-headed Shrike

【别　　名】红头伯劳

【形态特征】小型鸟类，体长 19~20 厘米。雄鸟头顶棕色，过眼纹黑色，眉纹白色，背灰色，下体偏白色，具深色鳞状横纹，两胁沾棕色。雌鸟褐色重，两胁色浅，下体横纹明显。虹膜深褐色；嘴灰色而端黑色；脚铅灰色。

【生态习性】夏候鸟；栖息于山地稀疏阔叶林或针阔混交林，迁徙时平原可见；喜停歇电线、小树尖；以鞘翅目、鳞翅目和膜翅目昆虫为食；繁殖期 5~7 月，矮树灌丛营巢，窝卵数 3~6 枚，同步孵化，雌鸟孵卵，双亲育雏，雏鸟晚成。

【居留状况】不常见。繁殖于东北和华北，越冬于东部、东南部和台湾，迁徙经过华东、华中各地。长岛域内偶见。

【保护状况】LC(无危)。

红尾伯劳　　雀形目｜伯劳科

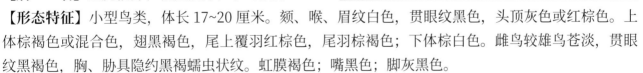

【学　　名】_Lanius cristatus_

【英 文 名】Brown Shrike

【别　　名】土虎伯劳、花虎伯劳、小马伯劳

【形态特征】小型鸟类，体长 17~20 厘米。颏、喉、眉纹白色，贯眼纹黑色，头顶灰色或红棕色。上体棕褐色或混合色，翅黑褐色，尾上覆羽红棕色，尾羽棕褐色；下体棕白色。雌鸟较雄鸟苍淡，贯眼纹黑褐色，胸、胁具隐约黑褐蠕虫状纹。虹膜褐色；嘴黑色；脚灰黑色。

【生态习性】旅鸟；栖息于低山丘陵和山脚平原灌丛、疏林和林缘地带；以各类昆虫为食，偶尔捕捉蜥蜴。

【居留状况】地方性常见。长岛域内偶见。

【保护状况】LC(无危)。

顾晓军 / 摄

楔尾伯劳　　雀形目 | 伯劳科

【学　　名】*Lanius sphenocercus*

【英 文 名】Chinese Grey Shrike

【别　　名】长尾灰伯劳、山虎伯拉、虎伯拉

【形态特征】中型鸟类，体长 25~31 厘米。似灰伯劳但较大，尾较长，呈楔形。虹膜褐色；嘴灰色；脚黑色。

【生态习性】冬候鸟（或旅鸟）；栖息于平原到山地、河谷林缘及疏林地带，尤其草地和半荒漠稀疏林；喜停歇于树枝顶端；除昆虫外常捕食小型啮齿类、蜥蜴和鸟类。

【居留状况】国内除新疆外各地均有分布。长岛域内偶见。

【保护状况】LC(无危)。

顾晓军／摄

棕背伯劳　　雀形目｜伯劳科

【学　　名】*Lanius schach*

【英 文 名】Long-tailed Shrike

【别　　名】大马伯劳

【形态特征】中型鸟类，体长 20~25 厘米。体形略大而尾长。体羽棕色、黑色及白色。成鸟额、眼纹、两翼及尾黑色，翼有一白色斑，头顶及颈背灰色或灰黑色，背、腰及体侧红褐色，颏、喉、胸及腹中心部位白色，头及背部黑色的扩展随亚种而有不同。虹膜褐色，嘴及脚黑色。

【生态习性】夏候鸟；栖息于低山丘陵和山脚平原地区，有时也到园林、农田、村宅河流附近活动；性凶猛，捕食昆虫、蛙、啮齿类和小鸟；繁殖期 4~7 月，树上或灌木营巢，窝卵数 3~6 枚，雌雄共同孵卵育雏，雏鸟晚成。

【居留状况】为华中、华东、华南及东南地区的常见留鸟，近年呈向北扩散趋势，在西北、华北多地都已建立稳定种群，黑色型（深色型）常见于华南至东南沿海。长岛域内罕见。

【保护状况】LC(无危)。

【拍摄时间、地点】2018 年 10 月 12 日 10:50，拍摄于长岛的大钦岛。

灰喜鹊　　雀形目｜鸦科

【学　　名】*Cyanopica cyanus*

【英 文 名】Azure-winged Magpie

【别　　名】山喜鹊、长尾鹊

【形态特征】中型鸟类，体长 31~40
厘米。冠黑色，背、下体灰色，翼、
尾蓝灰色，尾具白端斑。虹膜黑褐色；
嘴、脚黑色。

【生态习性】留鸟；主要栖息于次生
林和人工林，尤其城市公园绿地；喜
在地面、树干觅食半翅目、鞘翅目昆
虫及幼虫，兼食植物果实及种子，偶

顾晓军 / 摄

尔捕食小型鸟类（如麻雀）；繁殖期 5~7 月，矮树营巢，窝卵数 4~9 枚，雌鸟孵卵，雌雄共同育雏，雏
鸟晚成。

【居留状况】遍及除西藏外全国各地。长岛域内常见。

【保护状况】LC(无危)。

星　鸦　　雀形目｜鸦科

【学　　名】*Nucifraga caryocatactes*

【英 文 名】Spotted Nutcracker

【别　　名】葱花儿

【形态特征】中型鸟类，体长 29~34 厘
米。头顶黑褐色，体羽暗褐色且密布白
色斑点；两翼，尾羽黑色，尾下覆羽白色，
尾具白色端斑。虹膜深褐色；嘴、脚黑色。

【生态习性】旅鸟；栖息于山地针叶林
和针阔混交林中，尤以针叶林较常见。

王小平 / 摄

食物主要为针叶树的种子，繁殖期吃一些昆虫。

【居留状况】分布于东北、华北、西北、西南及台湾地区。长岛域内偶见。

【保护状况】LC(无危)。

顾晓军 / 摄

顾晓军 / 摄

顾晓军 / 摄

喜 鹊 雀形目｜鸦科

【学　　名】*Pica serica*

【英 文 名】Oriental Magpie

【别　　名】鸦雀

【形态特征】中型鸦类，体长 40~50 厘米。头、颈、胸、上体、尾黑色，翅上具大型白斑。虹膜褐色；嘴、脚黑色。

【生态习性】留鸟；栖息地多样，常出没于人类活动区；吵闹而凶猛；杂食性且具季节变化；繁殖期 3~6 月，营巢于高大乔或电杆，窝卵数 4~8 枚，同步孵化，雌鸟孵卵，双亲育雏，雏鸟晚成。

【居留状况】遍及除内蒙古东北部外的我国东部各地，在北方极为常见，南方数量略少。分布西限在甘肃天堂寺，青海西宁、班玛，四川康定，云南德钦一线。长岛域内常见。

【保护状况】NR(未认可)。

丰淑亮 / 摄

秃鼻乌鸦　　雀形目｜鸦科

【学　　名】*Corvus frugilegus*

【英 文 名】Rook

【形态特征】中型鸟类，体长 46~47 厘米。以嘴基裸露皮肤浅灰白色为特征。易与小嘴乌鸦相混淆，区别为头顶更显拱圆形，嘴圆锥形且尖，腿部松散垂羽更显松散；飞行时尾端楔形，两翼较长窄，翼尖"手指"显著，头显突出。虹膜深褐色，嘴和脚黑色。

【生态习性】留鸟；栖息于平原丘陵低山耕作区，喜在人类居住区成大群活动；杂食性，以垃圾、腐尸、昆虫等为食；繁殖期 3~7 月，树上营巢，窝卵数 3~9 枚，雌鸟孵卵，双亲育雏。

【居留状况】广布于除西藏外几乎所有地区。长岛域内偶见。

【保护状况】LC(无危)。

【拍摄时间、地点】2023 年 4 月 5 日 9:38, 拍摄于长岛的北隍城岛。

丰淑亮 / 摄

灰树鹊　　雀形目 | 鸦科

【学　　名】*Dendrocitta formosae*

【英 文 名】Grey Treepie

【形态特征】中型鸟类，体长 36~40 厘米。头顶至后枕灰色，其余头部以及颏与喉黑色。背、肩棕褐或灰褐色，腰和尾上覆羽灰白色或白色，翅黑色且具白色翅斑，尾黑色，中央尾羽灰色。胸、腹灰色，尾下覆羽栗色。

【居留状况】分布于西南、华东和华南地区。长岛域内偶见。

【保护状况】LC(无危)。

【拍摄时间、地点】2022 年 6 月 5 日 9:38, 拍摄于长岛的北隍城岛。

达乌里寒鸦　雀形目｜鸦科

【学　　名】*Coloeus dauuricus*

【英 文 名】Daurian Jackdaw

【别　　名】东方寒鸦

【形态特征】小型鸦类，体长 29~37 厘米。头、胸、背、尾、下腹均黑色，枕、后颈至侧颈、腹部白色。第一年非繁殖羽通体黑色，耳羽具浅白色细纹。虹膜黑色；嘴、脚黑色。

【生态习性】留鸟；主要栖息于山地、丘陵、平原等各类生境，尤以河边悬崖和河岸森林地带常见；冬季可成大群；杂食性；繁殖期 4~6 月，岩洞、树洞、屋檐营巢，窝卵数 4~8 枚。

丰淑亮 / 摄

【居留状况】除海南、青海（西部）、西藏（西部）、新疆（北部和西部）外，全国各地均有记录。在北方为留鸟或繁殖鸟，常见，在南方为偶见冬候鸟，在台湾为迷鸟。长岛域内偶见。

【保护状况】LC(无危)。

小嘴乌鸦　雀形目｜鸦科

【学　　名】*Corvus corone*

【英 文 名】Carrion Crow

【别　　名】细嘴乌鸦

【形态特征】大型鸦类，体长 48~56 厘米。纯黑色，除腹部外均泛蓝绿色光泽，前额较平，嘴峰较直、细。虹膜黑褐色；嘴、脚黑色。

【生态习性】留鸟；主要栖息于阔叶林、针叶林、次生杂木林、人工林等各种森林；杂食性，以腐尸、垃圾等为食，亦取食植物种子和果实；繁殖期 4~7 月，树上营巢，窝卵数 4~7 枚，雌鸟孵化。

顾晓军 / 摄

【居留状况】除西藏、贵州、广西外，分布于我国各地。在北方非常常见，南方偶见或罕见。长岛域内偶见。

【保护状况】LC(无危)。

顾晓军 / 摄

大嘴乌鸦　　雀形目｜鸦科

【学　　名】*Corvus macrorhynchos*

【英 文 名】Large-billed Crow

【别　　名】老鸹

【形态特征】大型鸦类，体长 45~57 厘米。嘴粗大而弯曲，嘴基羽达鼻孔。额隆起明显，体羽黑色而具紫绿色闪辉。虹膜褐色；嘴、脚黑色。

【生态习性】留鸟；适宜各类生境，喜结群活动于城市、郊区；食性杂，主要以昆虫及其幼虫为食，也吃雏鸟、鸟卵、鼠类、动物尸体以及植物种子和果实等；繁殖期 3~6 月，树上营巢，窝卵数 3~5 枚，雌雄轮流孵化育雏，雏鸟晚成。

【居留状况】除西藏中部和北部、新疆中部之外，分布遍及全国，在东北、华北地区非常常见，其他地区易见或偶见。长岛域内偶见。

【保护状况】LC(无危)。

丰淑亮／摄

白颈鸦　　雀形目｜鸦科

【学　　名】*Corvus torquatus*

【英 文 名】Collared Crow

【别　　名】白脖老鸹、白脖鸦

【形态特征】大型鸦类，体长 47~55 厘米。体羽亮黑色及白色。嘴粗厚，颈背及胸带强反差的白色使其有别于同地区的其他鸦类。与达乌里寒鸦略似，但达乌里寒鸦较白颈鸦体形小而下体多白色。虹膜深褐色；嘴和脚黑色。

【生态习性】留鸟；栖息于开阔平原、丘陵；单独、成对或成小群活动；杂食性；繁殖期 3~6 月，树洞或树上营巢，窝卵数 2~6 枚。

【居留状况】见于河北北部以南、四川盆地及其以东的我国中东部地区。在北方罕见，在华南地区区域性易见。长岛域内偶见。

【保护状况】VU(易危)。

【拍摄时间、地点】2021 年 5 月 6 日 11:44, 拍摄于长岛的北隍城岛。

顾晓军 / 摄

煤山雀 雀形目 | 山雀科

【学　　名】*Periparus ater*

【英 文 名】Coal Tit

【别　　名】仔仔点

【形态特征】小型鸟类，体长 9~12 厘米。头、颏、喉黑色，颊部具白斑，上体蓝灰色，翅上有两道白色翅带，下体白色。虹膜褐色；嘴黑色；脚青灰色。

【生态习性】留鸟；栖息于海拔 3000 米以下混交林和针叶林带；以昆虫为食，兼食植物性食物；繁殖期 3~5 月，树洞巢居多，窝卵数 8~10 枚，雌鸟孵卵，双亲育雏，雏鸟晚成。

【居留状况】地方性常见。长岛域内常见。

【保护状况】LC(无危)。

黄腹山雀　雀形目｜山雀科

【学　　名】*Pardaliparus venustulus*

【英 文 名】Yellow-bellied Tit

【别　　名】采花儿、黄豆崽、黄点儿、黄肚点儿

【形态特征】小型鸟类, 体长9~11厘米。雄鸟头、喉部黑色, 颊斑及颈后点斑白色, 背灰蓝色且具点斑, 下体黄色, 腰银白, 两道翼斑白色; 雌鸟头灰白色, 喉白色, 背灰色。虹膜褐色; 喙黑色; 脚蓝灰。

【生态习性】留鸟; 栖息于海拔2000米以下混交林、阔叶林; 冬季成小群活动, 性活跃而喧闹; 以昆虫为食, 兼食植物种子、果实; 繁殖期4~6月, 树洞营巢, 窝卵数5~7枚, 雏鸟晚成。

【居留状况】除西北地区外, 几乎全国都有分布。地方性常见。长岛域内常见。

【保护状况】LC(无危)。

丰淑亮／摄

杂色山雀　雀形目｜山雀科

【学　　名】*Sittiparus varius*

【英 文 名】Varied Tit

【别　　名】赤腹山雀

【形态特征】小型鸟类, 体长12~14厘米。头顶、后颈黑色, 颏喉黑色, 胸腹栗红色, 额、眼先、颊至颈侧乳黄色, 上背具大块栗色斑, 其余上体蓝灰色。虹膜褐色; 嘴、脚黑色。

【生态习性】旅鸟; 栖息于海拔1000米以下的阔叶林和混交林中, 非繁殖期集小群活动。主要以昆虫和昆虫幼虫为食, 也吃植物果实和种子。

【居留状况】见于东北及沿海各地。广东南岭有一独立种群, 部分年份数量增多。地方性常见, 长岛域内常见。

【保护状况】LC(无危)。

王小平／摄

沼泽山雀　雀形目 | 山雀科

【学　　名】*Poecile palustris*

【英 文 名】Marsh Tit

【别　　名】小豆雀

【形态特征】体长 12~13 厘米，头顶至颈黑色。上体灰褐色，下体近白色，两胁皮黄色，与褐头山雀区别在于黑色顶冠闪辉。虹膜深褐色；嘴偏黑色；脚黑色。

【生态习性】留鸟；栖息于针叶林、阔叶林或针阔混交林；常与其他山雀混群，性活跃；以各种昆虫为食，兼食少量植物种子；繁殖期 3~5 月，树洞营巢，窝卵数 4~6 枚，雌鸟孵卵，双亲育雏，雏鸟晚成。

【居留状况】地方性常见。长岛域内常见。

【保护状况】LC(无危)。

徐永春 / 摄

褐头山雀　雀形目 | 山雀科

【学　　名】*Poecile montanus*

【英 文 名】Willow Tit

【别　　名】唧唧鬼子 (东北)

【形态特征】体长 11~13 厘米。与沼泽山雀极似，略显头大而颈粗，尾短而端圆，头、枕比沼泽山雀暗，缺少闪辉，喉部黑色多，次级飞羽和三级飞羽缘色浅。虹膜黑色；嘴黑褐色；脚黑色。

【生态习性】留鸟；栖息于海拔 800~4000 米的湿润的山地阔叶林、混交林和针叶林。以昆虫为食。

【居留状况】地方性常见。长岛域内偶见。

【保护状况】LC(无危)。

徐永春 / 摄

丰淑亮 / 摄

顾晓军 / 摄

大山雀　　雀形目｜山雀科

【学　　名】*Parus minor*

【英 文 名】Japanese Tit

【别　　名】灰山雀、花脸雀、白脸山雀、仔仔黑

【形态特征】小型鸟类，体长 12~14 厘米。脸具大块白斑，头、喉黑色，胸腹具宽阔黑色纵纹连通颈、喉，翼上具一道醒目白色条纹。虹膜黑褐色；嘴、脚黑褐色。

【生态习性】留鸟；栖息于低山和山麓地带次生阔叶林、针阔混交林；性活跃喧闹；以昆虫为食，兼食草籽等植物性食物；繁殖期 4~8 月，树洞、墙缝或崖缝营巢，窝卵数 6~9 枚，雌鸟孵化，双亲育雏，雏鸟晚成。

【居留状况】全国范围内常见。长岛域内常见。

【保护状况】NR(无危)。

顾晓军 / 摄

雄性 丰淑亮 / 摄

中华攀雀　　雀形目｜攀雀科

【学　　名】*Remiz consobrinus*

【英 文 名】Chinese Penduline Tit

【形态特征】小型鸟类，体长 10~11 厘米。雄鸟头顶近白色，贯眼纹宽而黑色，眉纹白色；雌鸟和幼鸟贯眼纹色淡，头、背棕色。虹膜褐色；嘴灰黑色而尖锐；脚蓝灰色。

【生态习性】夏候鸟；栖息于针叶林或混交林，也活动于低山开阔村庄，冬季见于平原地区；主要以昆虫为食，兼食植物的叶、花等。

【居留状况】广布于中东部至西南。季节性常见。长岛域内偶见。

【保护状况】LC(无危)。

徐永春 / 摄

蒙古百灵　　雀形目 | 百灵科

【学　　名】*Melanocorypha mongolica*

【英 文 名】Mongolian Lark

【形态特征】中型鸟类，体长 17~22 厘米。上体黄褐色，具棕黄色羽缘，头顶周围栗色，中央浅棕色。下体白色，胸部具有不连接的宽阔横带，两肋稍杂以栗纹，颊部皮黄色，两条长而显著的白色眉纹在枕部相接。虹膜褐色；嘴浅角质色；脚橘黄。

【生态习性】栖息于多岩的山丘，常出入于河流和湖泊岸边一带草地上，繁殖期常单独或成对活动，非繁殖期则喜成群；主要以杂草草籽和其他植物种子为食，也吃昆虫和其他小型无脊椎动物。

【居留状况】见于内蒙古、黑龙江（西南部）、吉林（西部）、北京、天津、河北（北部）、山东、陕西（北部）、宁夏、甘肃（西部）、青海（东部）。迷鸟至云南。长岛域内偶见。

【保护状况】LC(无危)；国家二级保护野生动物。

陈云江 / 摄

细嘴短趾百灵　雀形目 | 百灵科

【学　　名】*Calandrella acutirostris*

【英 文 名】Hume's Short-toed Lark

【别　　名】小云雀、细嘴沙百灵

【形态特征】小型鸟类，体长 13~14 厘米。大小和羽色与大短趾百灵相似。上体羽淡沙棕色，具黑褐色羽轴纵纹。第 4 枚初级飞羽与前 3 枚几等长，而大短趾百灵第 4 枚短于前 3 枚。最外侧两对尾羽具白斑。下体羽近白色。虹膜暗褐；嘴黄褐色；脚肉黄色。

【生态习性】地栖性，善奔跑和跳跃。受干扰时立即起飞，每次飞翔距离不远，飞 50 米左右即落下。常在高原湖边盐焗草地，芨芨草沙地和稀疏针茅草地上觅食昆虫和草籽。

【居留状况】繁殖于内蒙古（西部）、宁夏、四川（北部）、甘肃（南部）、青海（东部）、新疆（西南部及南部）、西藏。长岛域内罕见。

【保护状况】LC(无危)。

聂延秋 / 摄

短趾百灵　　雀形目｜百灵科

【学　　名】*Alaudala cheleensis*

【英 文 名】Asian Short-toed Lark

【别　　名】沙百灵

【形态特征】小型鸟类，体长 13~14 厘米。眼先、眉纹和眼周白色或皮黄白色，颊和耳羽棕褐色。上体沙棕色且具黑褐色纵纹。下体皮黄白色或白色，胸侧具暗褐色纵纹，外侧尾羽白色。虹膜深褐色；嘴角质灰色；脚肉棕色。

【生态习性】夏候鸟；栖息于干旱平原、草地及河滩；性活跃，喜垂直上下飞行、鸣叫；主要以草籽、嫩芽为食，也捕食昆虫等；5~7 月繁殖，地面巢简陋，窝卵数 3~4 枚，双亲育雏，雏鸟晚成。

【居留状况】多分布于北方地区。长岛域内罕见。

【保护状况】LC(无危)。

柴勇 / 摄

凤头百灵　　雀形目 | 百灵科

【学　　名】*Galerida cristata*

【英 文 名】Crested Lark

【别　　名】凤头阿兰

【形态特征】小型鸟类，体长 17~19 厘米。中型具褐色纵纹。冠羽长而窄。上体沙褐色而具近黑色纵纹，尾覆羽皮黄色；下体浅皮黄色，胸密布近黑色纵纹。飞行时两翼宽，翼下锈色。虹膜深褐色；嘴黄粉色且端部深色；脚偏粉色。

【生态习性】留鸟；栖息于植被稀疏的半荒漠地区、草原和农田；非繁殖期集小群活动，常于地面行走或振翼作柔弱波状飞行；夏季捕食昆虫，冬季植食性；繁殖期 5~7 月，地面巢简陋，窝卵数 3~5 枚，同步孵化，雌鸟孵卵，雏鸟晚成。

【居留状况】分布于东北（西南部）、内蒙古（东部）、华北、华中、青海、甘肃、西藏（南部）和四川（北部）。长岛域内偶见。

【保护状况】LC(无危)。

王小平 / 摄

云 雀　雀形目｜百灵科

【学　　名】*Alauda arvensis*

【英 文 名】Eurasian Skylark

【别　　名】阿兰、朝天柱

【形态特征】小型鸟类，体长 16~18 厘米。上体沙棕色，有粗的黑色羽干纹，羽缘红棕色，具短的羽冠，受惊时竖起，最外侧一对尾羽几纯白色。下体白色或棕白色，胸密被黑褐色纵纹。虹膜深褐色；嘴角质色；脚肉色。

【生态习性】旅鸟；栖息于草地、干旱平原、农田；鸣声活泼悦耳，可从地面骤然升空或急速俯冲直下，善飞善鸣；以草籽、种子和昆虫为食。

【居留状况】见于东北西部及华北地区，有旅鸟记录于江苏沿海。长岛域内偶见。

【保护状况】LC（无危）；国家二级保护野生动物。

徐永春 / 摄

角百灵　　雀形目｜百灵科

【学　　名】*Eremophila alpestris*

【英 文 名】Horned Lark

【形态特征】小型鸟类，体长 16~19 厘米。上体棕褐色至灰褐色，前额白色；下体余部白色，两胁具褐色纵纹。头部图纹别致，雄鸟具粗显的黑色胸带，脸具黑色和白色（或黄色）图纹。顶冠前端黑色条纹后延成特征小"角"。虹膜褐色；嘴灰色，上嘴色较深；脚近黑。

【生态习性】繁殖于高海拔的荒芜干旱平原及寒冷荒漠，冬季下至较低海拔的短草地及湖岸滩；以草籽等植物性食物为食，也吃昆虫等；繁殖期 5~8 个月，窝卵数 2~5 枚。

【居留状况】越冬于黑龙江、辽宁、北京、河北、内蒙古及新疆北部。长岛域内罕见。

【保护状况】LC(无危)。

丰淑亮 / 摄

棕扇尾莺　　雀形目｜扇尾莺科

【学　　名】*Cisticola juncidis*

【英 文 名】Zitting Cisticola

【别　　名】锦鸲

【形态特征】小型鸟类，体长 10~14 厘米。体小而具褐色纵纹的莺类。腰黄褐色，尾端白色清晰。与非繁殖期金头尾莺区别在于白色眉纹较颈侧及颈背明显浅。虹膜褐色；嘴褐色；脚粉红色至近红色。

【生态习性】夏候鸟；栖息于海拔 1200 米以下开阔草地；喜在空中大幅度波浪盘旋并发出连续单音节重复鸣叫；以昆虫及草籽为食；繁殖期 4~7 月，草丛营巢，窝卵数 4~5 枚，双亲孵化育雏，雏鸟晚成。

【居留状况】地方性常见的留鸟及候鸟。长岛域内偶见。

【保护状况】LC(无危)。

王小平 / 摄

东方大苇莺　雀形目｜苇莺科

【学　　名】*Acrocephalus orientalis*

【英 文 名】Oriental Reed Warbler

【别　　名】苇串儿

【形态特征】小型鸟类，体长 17~19 厘米。上体褐色且具显著皮黄色眉纹，嘴粗大，喉至前胸米黄色，颈侧羽毛翻起，露出黑色，嘴内侧橙红色显著，停栖时顶冠略显隆起。虹膜褐色；上嘴褐色；下嘴偏粉色；脚灰色。

【生态习性】夏候鸟；隐匿于芦苇地、稻田、沼泽等近水湿地；繁殖期喜隐身苇丛大声连续鸣叫；繁殖 5~7 月，营杯状巢于苇茎之间，窝卵数 4~6 枚，同步孵化，雌鸟孵化，雏鸟晚成。

【居留状况】常见候鸟。繁殖于东北、华北、华中至华东，西至甘肃和青海东部，迁徙时见于我国大部分地区，越冬于台湾。长岛域内偶见。

【保护状况】LC(无危)。

丰淑亮 / 摄

黑眉苇莺　　雀形目｜苇莺科

【学　　名】*Acrocephalus bistrigiceps*

【英 文 名】Black-browed Reed Warbler

【别　　名】柳叶儿、口子喇子

【形态特征】小型鸟类，体长 13.5~14 厘米。上体橄榄棕褐色，具特征性的上黑下白的双色眉纹，下体白色，两胁和尾下覆羽皮黄色。虹膜褐色；上嘴深褐色，下嘴浅褐色；脚粉红色。

【生态习性】夏候鸟；栖息于近水芦苇丛和高草丛；繁殖期常站在开阔草地灌木或蒿草梢上鸣叫，鸣声嘈杂短粗；繁殖期 5~7 月，苇丛或草丛营巢，窝卵数 4~5 枚，同步孵化，雌鸟孵卵，雏鸟晚成。

【居留状况】繁殖于东北、华北、华中至华东各地，少量越冬于东南、华南地区，包括海南和台湾，迁徙时经过我国中东部大部分地区。长岛域内罕见。

【保护状况】LC(无危)。

陈云江 / 摄

稻田苇莺　　雀形目｜苇莺科

【学　　名】*Acrocephalus agricola*

【英 文 名】Paddyfield Warbler

【别　　名】双眉苇莺、柳串儿、苇串儿、圆翅苇莺

【形态特征】小型鸟类，体长 12~13.5 厘米。上体自头部至背、肩部均呈橄榄棕褐色；腰及尾上覆羽转为鲜亮的淡棕褐色；颊部和耳羽棕黄色；眼先和耳羽上缘暗褐色；眉纹宽阔，呈皮黄色甚显著，眉上缘各缀黑褐色的宽阔侧冠纹；尾羽狭窄，羽端尖形；尾羽呈暗棕褐色，表面具不甚显现的暗色横斑纹，羽缘色较浅；飞羽黑褐色，羽缘棕褐色；下体羽在颏、喉部和腹部中央呈纯白色；胸部、两胁和尾下覆羽均呈淡棕黄褐色。虹膜暗灰色；上嘴黑褐色，下嘴黄褐色；脚橄榄绿色。

【生态习性】常在苇丛下部活动，行动敏捷，在草茎间快速来回跳跃。特有习性为尾快速摆动和上扬，并将顶冠羽耸起。

【居留状况】新疆常见的繁殖鸟，迁徙时在西南、东南地区（云南、上海、香港、台湾等）有少量记录。长岛域内罕见。

【保护状况】LC(无危)。

刘爱华 / 摄

芦 莺　雀形目｜苇莺科

【学　　名】*Acrocephalus scirpaceus*

【英 文 名】Eurasian Reed Warbler

【别　　名】大嘴莺

【形态特征】小型鸟类, 体长 12.4~14 厘米。芦莺体形及颜色与大苇莺极为相似, 但没有眼纹, 腹面近白、略带棕色。

【生态习性】单独和成对活动, 喜欢 栖息在芦苇茎和小柳树枝上。性活泼, 行动敏捷、谨慎, 常躲藏在灌丛和芦苇丛中。

【居留状况】新疆各地的芦苇湿地少见的繁殖鸟, 迷鸟见于江苏、云南。长岛域内偶见。

【保护状况】LC(无危)。

王小平／摄

厚嘴苇莺　　雀形目｜苇莺科

【学　　名】*Arundinax aedon*
【英 文 名】Thick-billed Warbler
【别　　名】树莺、芦莺、芦串儿、大嘴莺
【形态特征】小型鸟类，体长 18~21 厘米。上体橄榄棕褐色，无纵纹，嘴粗短，与其他大型苇莺的区别在于无深色眼线，亦无浅色眉纹。羽色深暗，尾长而凸。虹膜褐色；上嘴深褐色，下嘴浅褐色；脚灰褐色。
【生态习性】旅鸟；栖息于海拔 800 米以下林地和次生幽暗荆棘丛，行为隐蔽，几乎不光顾芦苇地。
【居留状况】不甚常见。迁徙时见于东北、华北至西南、东南的大部分地区。长岛域内罕见。
【保护状况】LC(无危)。

刘爱华/摄

中华短翅蝗莺 雀形目｜蝗莺科

【学　　名】*Locustella tacsanowskia*

【英 文 名】Chinese Bush Warbler

【形态特征】小型鸟类，体长13厘米。上体和胁浅褐色，翼羽浅棕褐色，喉和下胸白什么，上胸沾浅褐色，具及模糊的褐色纵斑，尾下覆羽污白色，具模糊的褐色横带。

【生态习性】常单独或成对活动。繁殖期雄鸟会站在灌丛或草丛顶端及下部鸣唱，在适宜生境内可集成小群。性胆小而隐蔽，在灌丛下部安静地快速穿行。

【居留状况】不常见候鸟。繁殖于东北、华北、华中的局部地区，南至四川和广西，越冬于云南（南部和西南部）、广西（西南部），迁徙经华北、华中和西南地区，香港有环志记录。长岛域内偶见。

【保护状况】LC(无危)。

王小平 / 摄

矛斑蝗莺　　雀形目│蝗莺科

【学　　名】*Locustella lanceolata*

【英 文 名】Lanceolated Warbler

【别　　名】黑纹蝗莺

【形态特征】小型鸟类，体长 12~13.5 厘米。雌雄相似，上体黄褐色，具明显的黑褐色纵纹，下体乳白色，喉和胸具黑色纵纹，两胁和尾下覆羽棕褐色，也杂以黑色纵纹。幼鸟上体黑暗橄榄黄色，斑纹不如成鸟多；下体黄色，羽干纹较成鸟色淡而宽，体侧赭色带橄榄色细纹，纵纹不多。虹膜暗褐色；上嘴黑褐色；下嘴和脚肉色。

【生态习性】旅鸟；栖息于低山丘陵和平原地带芦苇沼泽、水边灌丛和草地；单独或成对活动，性胆怯，善藏匿，受惊后蹲伏少飞；纯食虫鸟；繁殖期 6~7 月，草丛地面杯状巢，窝卵数 3~5 枚，雌鸟孵化。

【居留状况】常见候鸟。繁殖于东北和新疆阿勒泰，迁徙经我国大部分地区。长岛域内偶见。

【保护状况】LC(无危)。

北蝗莺 雀形目 | 蝗莺科

【学　　名】*Helopsaltes ochotensis*

【英 文 名】Middendorff 's Grasshopper Warbler

【别　　名】柳串儿

【形态特征】小型鸟类，体长 13.5~14.5 厘米。上体锈褐色，头顶和背具不明显暗色纵纹，眉纹灰白色，尾凸并具白色端斑。下体棕白色，胸部和胁部染皮黄色，飞羽外侧边缘色浅。虹膜褐色；上嘴深褐色，下嘴浅褐色；脚粉色。

王小平／摄

【生态习性】旅鸟；栖息于河岸灌丛、沼泽和苇塘；性极警觉隐匿；食性似同属其他种类。

【居留状况】少见旅鸟。迁徙经辽东半岛、东部和东南沿海，越冬于台湾。长岛域内偶见。

【保护状况】LC(无危)。

王小平／摄

小蝗莺 雀形目 | 蝗莺科

【学　　名】*Helopsaltes certhiola*

【英 文 名】Pallas's Grasshopper Warbler

【别　　名】蝗虫莺、柳串儿、扇尾莺、花头扇尾

【形态特征】小型鸟类，体长 12~14 厘米。头顶、背、肩具显著黑色纵纹，眉纹白色，尾凸，具黑色次端斑和白色端斑，下体白色，胸、两胁和尾下覆羽皮黄色。虹膜黑褐色；上嘴黑色，嘴缘和下嘴暗肉色；脚淡黄肉色。

【生态习性】夏候鸟；栖息于芦苇地、沼泽、近水草丛；性隐匿难以发现；以昆虫为食；繁殖期 5~7 月，苇、草丛营巢，窝卵数 4~6 枚。

【居留状况】不常见候鸟。各亚种迁徙时经过我国中部，东部至南部大部地区。长岛域内偶见。

【保护状况】LC(无危)。

任群领 / 摄

苍眉蝗莺　雀形目｜蝗莺科

【学　　名】*Helopsaltes fasciolatus*

【英 文 名】Gray's Grasshopper Warbler

【形态特征】小型鸟类，体长 16.5~18 厘米。头顶至后颈暗橄榄褐色，眉纹灰白色，其余上体棕褐色，尾凸，尖端不白，胸灰色，胁、尾下覆羽皮黄色或橄榄褐色。体色偏棕。虹膜褐色；上嘴黑色，下嘴粉红色；脚粉褐色。

【生态习性】旅鸟；见于低地及沿海的林地、棘丛、丘陵草地及灌丛；常躲在茂密的草丛中活动和觅食，主要以昆虫和昆虫幼虫为食。

【居留状况】不常见候鸟。繁殖于我国内蒙古（东北部）、黑龙江、吉林，迁徙经辽宁、河北至华东和东南沿海，包括台湾。长岛域内偶见。

【保护状况】LC(无危)。

唐上波 / 摄

崖沙燕　　雀形目｜燕科

【学　　名】*Riparia riparia*

【英 文 名】Sand Martin

【别　　名】灰沙燕、土燕子

【形态特征】小型燕类, 体长12~13厘米。颏、喉白色, 上体灰褐色, 下体白色, 胸具清晰的灰褐色胸环带, 耳羽与胸带分界明显, 尾叉浅。虹膜褐色; 嘴、脚黑色。

【生态习性】夏候鸟; 栖息于河岸、湖畔沙崖; 成群贴水面穿梭低飞, 晨昏活跃, 飞行捕食各类昆虫; 繁殖期6~8月, 窝卵数4~6枚, 双亲孵化育雏, 雏鸟晚成。

【居留状况】繁殖于东北, 迁徙经华北、华中、华南。长岛域内偶见。

【保护状况】LC(无危)。

顾晓军 / 摄

家 燕　　雀形目｜燕科

【学　　名】*Hirundo rustica*

【英 文 名】Barn Swallow

【别　　名】燕子、小燕

【形态特征】小型燕类，体长17~19厘米。颏、喉和上胸栗色后接一黑色环带，上体蓝黑色且具金属光泽，翅下覆羽白色，下胸和腹部白色，尾长，呈深叉状。虹膜褐色；嘴、脚黑色。

【生态习性】夏候鸟；栖息于山区或平原人类居住区；飞行敏捷迅速而不知疲倦，喜停歇在电线上；空中捕食各类昆虫；繁殖期4~7月，衔泥营巢于屋檐或弄堂，窝卵数2~5枚，同步孵化，雌鸟孵卵，双亲育雏，雏鸟晚成。

【居留状况】遍及全国。长岛域内常见。

【保护状况】LC(无危)。

毛脚燕　雀形目｜燕科

【学　　名】*Delichon urbicum*

【英 文 名】Northern House Martin

【别　　名】白腹毛脚燕

【形态特征】小型燕类，体长13~14厘米。额、头顶、背、肩黑色且具蓝黑色金属光泽，下体和腰白色，跗趾被白羽，尾黑褐色叉状。虹膜深褐色；嘴黑色；脚粉红色。

【生态习性】夏候鸟；栖息于山地、森林、河谷陡峭崖壁；喜成群在空中穿梭飞翔；以昆虫为食；繁殖期5~7月，营巢于悬崖缝隙、岩洞，窝卵数4~6枚，双亲孵化育雏，雏鸟晚成。

李显达 / 摄

【居留状况】繁殖于东北地区，迁徙经我国东部和中部大部分地区，常见或偶见。长岛域内偶见。

【保护状况】LC(无危)。

王小平·摄

金腰燕　雀形目｜燕科

【学　　名】*Cecropis daurica*

【英 文 名】Red-rumped Swallow

【别　　名】黄腰燕、巧燕

【形态特征】小型燕类，体长16~20厘米。颈侧具栗黄色斑，上体蓝黑色闪辉，腰具栗棕色横带，下腹棕白色而具黑色纵纹，尾叉深。虹膜褐色；嘴、脚黑色。

【生态习性】夏候鸟；栖息地类似家燕，二者分布区多重叠；结小群活动，飞行时振翼较缓慢且比其他燕类更喜高空翱翔；主要以昆虫为食；繁殖期4~7月，衔泥营巢于屋檐、房梁、天花板等处，窝卵数2~6枚，同步孵化，双亲孵化育雏，雏鸟晚成。

【居留状况】分布于除内蒙古（西部）、甘肃（西部）、青藏高原中西部外的全国大部分地区。长岛域内偶见。

【保护状况】LC(无危)。

林植 / 摄

烟腹毛脚燕　　雀形目｜燕科

【学　　名】*Delichon dasypus*
【英 文 名】Asian House Martin
【别　　名】白腰燕、崖燕
【形态特征】小型燕类，体长 11~13 厘米。上体蓝黑色且具金属光泽，翅下覆羽深灰色，下体灰白色，腰白色，尾叉型，尾下覆羽呈鳞状。虹膜褐色；嘴黑色；脚粉红色。
【生态习性】夏候鸟；栖息于海拔 1500 米以上的山地悬崖峭壁处，尤其喜欢栖息和活动在人迹罕至的荒凉山谷地带，也栖息于寺庙、桥梁等人工建筑物上。在中国主要为旅鸟，有的为夏候鸟或留鸟。
【居留状况】繁殖于东北北部，迁徙经中国东部。长岛域内偶见。
【保护状况】LC(无危)。
【拍摄时间、地点】2021 年 5 月 16 日 10：45，拍摄于长岛的北隍城岛。

顾晓军 / 摄

顾晓军 / 摄

白头鹎　　雀形目｜鹎科

【学　　名】*Pycnonotus sinensis*

【英 文 名】Light-vented Bulbul

【别　　名】白头翁

【形态特征】小型鸟类，体长 18~20 厘米。额至头顶黑色，眼上方至后枕白色，耳羽、颊、喉白色，上体灰褐色或橄榄灰色，具黄绿色羽缘，腹白色。虹膜褐色；嘴、脚黑色。

【生态习性】留鸟；栖息于低海拔山区、丘陵、平原林地、灌丛以及城市绿地；性活泼，喜集群，不惧人，食性杂。

【居留状况】广布而常见的留鸟。长岛域内常见。

【保护状况】LC(无危)。

丰淑亮 / 摄

顾晓军 / 摄

栗耳短脚鹎 雀形目｜鹎科

【学　　名】*Hypsipetes amaurotis*

【英文名】Brown-eared Bulbul

【形态特征】中型鸟类，体长 27~29 厘米。通体灰色，头顶至后颈灰色，耳羽栗色下延经颈侧到颈前。虹膜褐色；嘴黑灰色；脚偏黑色。

【生态习性】冬候鸟；栖息于阔叶林、杂木林、果园和农田边缘；冬季成小群活动，活泼而善鸣叫；性较怯生，常转移地点停歇于树冠顶部；夏季食虫，冬季食果和种子。

【居留状况】国内分布有 2 个亚种。冬季常见于东北东部，偶见于华北东部，罕见于山东、江苏、上海和浙江沿海地区，于台湾为常见旅鸟。长岛域内常见。

【保护状况】LC(无危)。

丰淑亮 / 摄

褐柳莺　　雀形目｜柳莺科

【学　　名】*Phylloscopus fuscatus*

【英 文 名】Dusky Warbler

【别　　名】达达跳、嘎巴嘴、褐色柳莺

【形态特征】小型鸟类，体长11~12厘米。上体褐色，无翼斑，眉纹前白后黄，贯眼纹暗褐色，颏、喉白色；下体皮黄色粘褐色，臀橙黄色。虹膜黑褐色；上嘴深褐色，下嘴皮黄色；脚淡褐色。

【生态习性】夏候鸟；隐身于溪流、沼泽边缘浓密灌丛，冬季也见于城市绿篱；常在树枝间跳动，频繁上下翘动尾及双翼；以昆虫为食。

【居留状况】甚常见。繁殖于东北，越冬于东南、华南、西南大部分地区。长岛域内偶见。

【保护状况】LC(无危)。

董文晓 / 摄

棕眉柳莺　　雀形目 | 柳莺科

【学　　名】*Phylloscopus armandii*
【英 文 名】Yellow-streaked Warbler
【别　　名】柳串儿
【形态特征】小型鸟类，体长 12~14 厘米。上体橄榄褐色，眉纹长而白且眼先黄色，褐色贯眼纹延伸至耳羽，无冠纹和翼斑。下体近白色，缀以浅淡绿黄色细纹，尾下覆羽皮黄色。虹膜褐色；上嘴褐色、下嘴黄色而远端下缘褐色；脚黄褐色。
【生态习性】夏候鸟；栖息于林缘、河谷灌丛；生物学尤其繁殖生物学资料缺乏。
【居留状况】地方性常见。繁殖于东北西部、华北及青藏高原东部。长岛域内偶见。
【保护状况】LC(无危)。

王小平 / 摄

巨嘴柳莺　　雀形目｜柳莺科

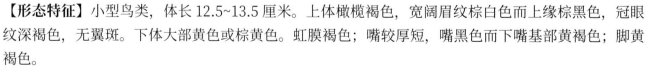

王小平 / 摄

【学　　名】*Phylloscopus schwarzi*

【英 文 名】Radde's Warbler

【别　　名】柳串儿、芦莺

【形态特征】小型鸟类，体长 12.5~13.5 厘米。上体橄榄褐色，宽阔眉纹棕白色而上缘棕黑色，冠眼纹深褐色，无翼斑。下体大部黄色或棕黄色。虹膜褐色；嘴较厚短，嘴黑色而下嘴基部黄褐色；脚黄褐色。

【生态习性】夏候鸟；栖息于较低海拔的阔叶林下灌丛、园林草地、低矮果园；常隐匿并取食于地面，胆小而机警；以昆虫、果实、种子为食。

【居留状况】地方性常见的候鸟。繁殖于东北的大兴安岭、小兴安岭，部分越冬于云南（南部）、广东和香港等地，迁徙时见于我国东部大部分地区。长岛域内偶见。

【保护状况】LC(无危)。

王小平 / 摄

黄腰柳莺　　雀形目｜柳莺科

【学　　名】*Phylloscopus proregulus*

【英 文 名】Pallas's Leaf Warbler

【别　　名】柳串儿

【形态特征】小型鸟类，体长9~10厘米。顶冠纹淡黄色，眉纹粗，眼先橙黄色，具两道浅黄色清晰翼斑，三级飞羽末端具浅色羽缘，上体橄榄绿色，下体火白色，腰柠檬黄色。虹膜褐色；嘴黑色，嘴基橙黄色；脚粉红色。

【生态习性】夏候鸟；栖息于针叶林和混交林；完全以昆虫为食。

【居留状况】常见候鸟。繁殖于黑龙江、吉林（东部和北部）、内蒙古（北部），迁徙及越冬于华北、华中、华东、华南、东南和西南大部分地区。长岛域内常见。

【保护状况】LC(无危)。

顾晓军 / 摄

黄眉柳莺　　雀形目｜柳莺科

【学　　名】*Phylloscopus inornatus*

【英 文 名】Yellow-browed Warbler

【别　　名】树串

【形态特征】小型鸟类，体长 10~11 厘米。上体橄榄绿色，具两道明显近白色翼斑，眉纹前段白后段黄，三级飞羽白斑明显。下体从白色变至黄绿色。虹膜褐色；上嘴深褐色，下嘴基黄色；脚粉褐色。

【生态习性】旅鸟；栖息于针叶林、混交林和阔叶林；性活泼，常与其他小型食虫鸟（柳莺、山雀等）混群，活动于树冠层；主要以昆虫为食。

【居留状况】常见候鸟。繁殖于东北，越冬于西南地区、长江中下游至华南地区和台湾，迁徙时见于我国绝大部分地区。长岛域内常见。

【保护状况】LC(无危)。

丰淑亮 / 摄

极北柳莺　　雀形目 ｜ 柳莺科

【学　　名】*Phylloscopus borealis*

【英 文 名】Arctic Warbler

【别　　名】柳叶儿、柳串儿、绿豆雀、铃铛雀、北寒带柳莺

【形态特征】小型鸟类，体长 12~13 厘米。眉纹长，黄白色。上体深橄榄色，白色翼斑甚浅，两道翼斑，前道模糊，下体略白色，两胁橄榄褐色，眼先及过眼纹近黑色。虹膜深褐色；上嘴深褐色，下嘴黄色；脚褐色。

【生态习性】旅鸟；栖息于稀疏阔叶林、针阔混交林及林缘灌丛；常与其他柳莺混群；主要以昆虫为食。

【居留状况】常见候鸟。繁殖于东北和西北，越冬于华南地区和台湾，迁徙时见于中国东部大部分地区。长岛域内偶见。

【保护状况】LC(无危)。

陈云江 / 摄

暗绿柳莺　　雀形目｜柳莺科

【学　　名】*Phylloscopus trochiloides*

【英 文 名】Greenish Warbler

【别　　名】柳串儿、绿豆雀、穿树铃儿

【形态特征】小型鸟类，体长 11~12 厘米。上体橄榄绿色，头顶较暗，眉纹黄白色，贯眼纹黑褐色，翅和尾各羽外翈羽缘黄绿色，两道翼斑黄白色，前一道翼斑常不明显。下体白色沾黄色，两胁和尾下覆羽尤甚。虹膜褐色；上嘴黑褐色，下嘴淡黄色；脚淡褐色或近黑色。

【生态习性】旅鸟；栖息于中高海拔山地的各种林地和林缘灌丛。

【居留状况】地方性常见。长岛域内常见。

【保护状况】LC(无危)。

王小平 / 摄

淡脚柳莺　　雀形目 | 柳莺科

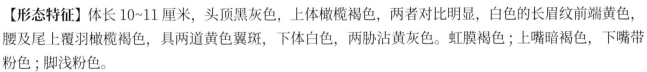

陈云江 / 摄

【学　　名】*Phylloscopus tenellipes*
【英 文 名】Pale-legged Leaf Warble
【别　　名】灰脚柳莺

【形态特征】体长 10~11 厘米，头顶黑灰色，上体橄榄褐色，两者对比明显，白色的长眉纹前端黄色，腰及尾上覆羽橄榄褐色，具两道黄色翼斑，下体白色，两胁沾黄灰色。虹膜褐色；上嘴暗褐色，下嘴带粉色；脚浅粉色。

【生态习性】夏候鸟；喜近溪流而茂密林下植被；性活跃，冬季形成小群，以昆虫为食。

【居留状况】常见候鸟。繁殖于东北，迁徙经华东至华南沿海，少量越冬于海南。长岛域内常见。

【保护状况】LC(无危)。

丰淑亮 / 摄

冕柳莺　　雀形目｜柳莺科

【学　　名】*Phylloscopus coronatus*

【英 文 名】Eastern Crowned Warbler

【别　　名】东部冕莺、东部冠叶莺

【形态特征】小型鸟类，体长 11~12 厘米。具近白色的眉纹和顶冠纹，眼先及过眼纹近黑色。上体绿橄榄色，飞羽具黄色羽缘，仅一道黄白色翼斑。下体近白色，尾下覆羽黄色。虹膜深褐色；上嘴褐色，下嘴色浅；脚灰色。

【生态习性】夏候鸟；栖息于林缘灌丛，冬季成群且与其他小型鸟类混群；以各种昆虫为食。

【居留状况】常见候鸟。繁殖于东北至华北、华中至西南部分地区（陕西、重庆、四川等），迁徙经东部大部分地区。长岛域内偶见。

【保护状况】LC(无危)。

短翅树莺　雀形目｜树莺科

【学　　名】*Horornis diphone*
【英 文 名】Janpanese Bush Warbler
【别　　名】树莺、日本树莺
【形态特征】小型鸟类，体长 14~18 厘米。额和头顶红褐色，眉纹皮黄白色，贯眼纹黑色。上体橄榄褐色。下体污白色，胸、腹沾皮黄色。尾羽宽阔，末端圆形。虹膜褐色；上嘴褐色，下嘴粉色；脚肉褐色。

徐克阳 / 摄

【生态习性】旅鸟；栖息于茂密竹林灌丛和草地，常独处于浓枝密叶间；鸣唱婉转，性羞怯。
【居留状况】迁徙期和冬季在台湾和东部沿海地区有少量记录，居留状态尚不明确。长岛域内偶见。
【保护状况】LC(无危)。

王开红 / 摄

鳞头树莺　雀形目｜树莺科

【学　　名】*Urosphena squameiceps*
【英 文 名】Asian Stubtail
【别　　名】短尾莺
【形态特征】小型鸟类，体长 9.5~10.5 厘米。上体棕褐色，顶冠具鳞状斑纹，皮黄色的眉纹延至后颈，贯眼纹黑色。下体白色，两胁及臀部皮黄色。虹膜褐色；上嘴深褐色，下嘴浅褐色；脚粉红色。
【生态习性】夏候鸟；单独或成对隐藏于林下地面活动，在倒木、树枝或草地来回跳动觅食，不惧人；完全以昆虫为食；繁殖期 5~7 月，营巢于地面隐蔽处，窝卵数 5~6 枚，双亲育雏。
【居留状况】繁殖于东北及华北的山地，迁徙时见于我国沿海大部分地区，少量在云南南部至东南部、华南及东南沿海地区越冬，包括海南和台湾。长岛域内偶见。
【保护状况】LC(无危)。

张英军 / 摄

银喉长尾山雀　　雀形目｜长尾山雀科

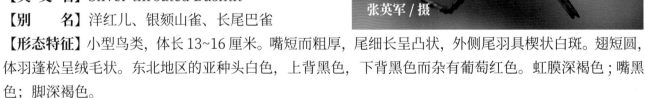

张英军 / 摄

【学　　名】*Aegithalos glaucogularis*

【英 文 名】Silver-throated Bushtit

【别　　名】洋红儿、银颏山雀、长尾巴雀

【形态特征】小型鸟类，体长 13~16 厘米。嘴短而粗厚，尾细长呈凸状，外侧尾羽具楔状白斑。翅短圆，体羽蓬松呈绒毛状。东北地区的亚种头白色，上背黑色，下背黑色而杂有葡萄红色。虹膜深褐色；嘴黑色；脚深褐色。

【生态习性】留鸟；常成群活动于山地针叶林、针阔叶混交林、农田边缘次生林；性活跃，成群穿梭于树冠层、矮树丛；主要以昆虫为食，兼食少许植物；繁殖期 4~6 月，乔木侧枝基部营葫芦状巢，窝卵数 9~12 枚，异步孵化，雌鸟孵卵，雏鸟晚成。

【居留状况】常见于华北地区，向西分布至甘肃（中部）、青海（东部）、四川（中部）和云南（西北部）。长岛域内偶见。

【保护状况】LC(无危)。

顾晓军 / 摄

红胁绣眼鸟　　雀形目 | 绣眼鸟科

【学　　名】*Zosterops erythropleurus*

【英 文 名】Chestnut-flanked White-eye

【别　　名】红胁粉眼、白眼儿、绣眼鸟

【形态特征】小型鸟类，体长10.5~11.5厘米。上体黄绿色，颏、喉黄色，眼周具明显白色眼圈，下体白色，胁部栗红色。虹膜红褐色；嘴橄榄色；脚灰黑色。

【生态习性】旅鸟；栖息于阔叶林、竹林、果园、灌丛；冬季成群，性活跃，穿梭跳跃于枝叶花簇间；夏季以昆虫为食，冬季也吃果实、种子。

【居留状况】繁殖于东北，迁徙经华北、华中、华东及华南大部分地区，在四川和华中地区越冬，华东至华南地区也有少量越冬记录。长岛域内常见。

【保护状况】LC(无危)；国家二级保护野生动物。

顾晓军 / 摄

暗绿绣眼鸟　　雀形目｜绣眼鸟科

顾晓军 / 摄

【**学　　名**】*Zosterops simplex*

【**英 文 名**】Swinhoe's White-eye

【**别　　名**】绣眼儿、粉眼儿、白眼儿

【**形态特征**】小型鸟类，体长 10~11.5 厘米。上体鲜亮绿橄榄色，具明显的白色眼圈和黄色的喉及臀部。胸及两胁灰色，腹白色。虹膜褐色；嘴灰黑色；脚铅色。

【**生态习性**】夏候鸟；栖息于混交林、阔叶林、竹林等各类森林；喜群居，活泼而喧闹；以昆虫为主食兼食浆果。

【**居留状况**】常见留鸟。分布于我国东部，西至甘肃南部，东至江苏和台湾，南至四川、云南（东部）、广西、广东、福建。长岛域内常见。

【**保护状况**】LC(无危)。

刘爱华 / 摄

于晓平 / 摄

欧亚旋木雀　　雀形目 | 旋木雀科

【学　　名】*Certhia familiaris*

【英 文 名】Eurasian Treecreeper

【别　　名】爬树雀

【形态特征】小型鸟类，体长 12~15 厘米。上体棕褐色，嘴细长下弯，背部具较多白色和棕白色羽干纹。下体乳白色，下腹和尾下覆羽沾皮黄色，尾楔形硬而尖。虹膜褐色；上嘴褐色，下嘴色浅；脚偏褐色。

【生态习性】夏候鸟；见于混交林、阔叶林，在树干中下部上下攀爬觅食虫及虫卵；繁殖期 4~6 月，树洞营巢，窝卵数 4~6 枚，同步孵化，雌鸟孵卵，双亲育雏，雏鸟晚成。

【居留状况】见于东北、华北、新疆（北部）。长岛域内偶见。

【保护状况】LC(无危)。

顾晓军 / 摄

顾晓军 / 摄

普通鳾   雀形目 | 鳾科

【学　　名】*Sitta europaea*

【英 文 名】Eurasian Nuthatch

【别　　名】蓝大胆

【形态特征】小型鸟类，体长 12~14 厘米。上体蓝灰色，具长而黑的贯眼纹，颏、喉、胸、尾下覆羽白色且具栗色羽缘，其余下体淡棕色至肉桂棕色。雌鸟胁、腹和尾下覆羽较淡。虹膜深褐色；上嘴灰黑色，下嘴基部角质灰色；脚深灰色。

【生态习性】留鸟；在树干的缝隙及树洞中啄食橡子及坚果，飞行起伏呈波状，偶尔于地面取食；成对或结小群活动。

【居留状况】地方性常见。长岛域内偶见。

【保护状况】LC(无危)。

丰淑亮 / 摄

鹪 鹩   雀形目｜鹪鹩科

【学　　名】*Troglodytes troglodytes*
【英 文 名】Eurasian Wren
【别　　名】偷盐雀
【形态特征】小型鸟类，体长 9~11 厘米。眉纹灰白色，通体棕褐色，下体多黑褐色横纹，尾短小，常向上翘起。幼鸟色深，黑色斑纹更显著。虹膜褐色；嘴褐色且直；脚褐色。
【生态习性】留鸟；喜近水林地、灌丛；单独活动于地面倒木、石堆缝隙；繁殖期常站立在树桩顶端鸣叫；以昆虫为食。
【居留状况】亚种众多，较常见。长岛域内常见。
【保护状况】LC(无危)。

顾晓军 / 摄

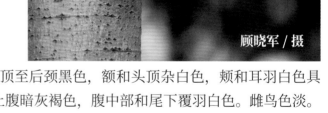

顾晓军 / 摄

灰椋鸟　　雀形目｜椋鸟科

【学　　名】*Spodiopsar cineraceus*

【英 文 名】White-cheeked Starling

【别　　名】高粱头

【形态特征】中型鸟类，体长 19~23 厘米。雄鸟头顶至后颈黑色，额和头顶杂白色，颊和耳羽白色具黑色纵纹，上体灰褐色，尾上覆羽白色，喉、胸、上腹暗灰褐色，腹中部和尾下覆羽白色。雌鸟色淡。虹膜偏红色；嘴黄色而尖端黑色；脚橘红色。

【生态习性】夏候鸟（部分留鸟）；栖息于平原或山区稀树地带；繁殖期成对活动，冬季常形成数百上千只的大群在农田活动；飞行无队形且极为嘈杂；主要取食昆虫；繁殖期 5~7 月，树洞营巢，窝卵数 5~7 枚，雌鸟孵卵，双亲育雏，雏鸟晚成。

【居留状况】繁殖于东北、华北和西北东部，冬季有部分群体不迁徙，黄河以南主要为越冬个体，也有少量留鸟，在台湾为不常见留鸟和冬候鸟。长岛域内常见。

【保护状况】LC(无危)。

北椋鸟 雀形目｜椋鸟科

【学　　名】*Agropsar sturninus*

【英 文 名】Daurian Starling

【别　　名】燕八哥、小椋鸟

【形态特征】小型鸟类，体长 16~19 厘米。雄鸟头灰白色，枕部具紫黑色闪辉斑块，上体黑色，具紫色光泽，翅黑色，翅与肩部具白色带斑；下体灰白色，尾黑色，尾上覆羽棕白色。雌鸟枕部无黑色斑块，上体无紫色光泽。虹膜褐色；嘴灰黑色；脚灰褐色。

丰淑亮 / 摄

【生态习性】夏候鸟；栖息于平原地区或田野，主要以昆虫为食，也吃少量果实和种子；繁殖期 5~6 月，树洞营巢，窝卵数 5~7 枚，雌鸟孵卵，双亲育雏，雏鸟晚成。

【居留状况】繁殖于东北和华北地区，向西可达陕西，迁徙经我国东部大部分地区，包括台湾。不常见。长岛域内偶见。

【保护状况】LC(无危)。

丰淑亮 / 摄

紫翅椋鸟 雀形目｜椋鸟科

【学　　名】*Sturnus vulgaris*

【英 文 名】Common Starling

【形态特征】中型鸟类，体长 19~22 厘米。通体紫黑色，具金属光泽，亚成鸟周身布满白色斑点。虹膜深褐色；嘴黄色；脚红色。

【生态习性】旅鸟；栖息于平原和山地等开阔地带；喜欢在地上行走，多集群活动；主要以昆虫为食，也吃少量植物性食物。

【居留状况】华东、华南、西南各地均有分布。长岛域内偶见。

【保护状况】LC(无危)。

丰淑亮 / 摄

亚洲辉椋鸟　　雀形目｜椋鸟科

【学　　名】*Aplonis panayensis*

【英 文 名】Asian Glossy Starling

【别　　名】辉椋鸟、菲律宾椋鸟

【形态特征】中等体形，体长 17~20 厘米。成鸟通体为具光泽的黑色，脸颊、颈部和胸部具金属质感的绿色光泽，其余羽毛具紫色光泽。幼鸟上体黑褐色，具些许绿色光泽；下体皮黄色，具粗著深色纵纹。

【居留状况】春季 (3~4 月) 偶见于日本南部和中国台湾地区兰屿，但与阿萨姆至印度尼西亚的自然分布区相距甚远，亚种未知。长岛域内罕见。

【保护状况】LC(无危)。

【拍摄时间、地点】2023 年 4 月 5 日 13:24, 拍摄于长岛的北隍城岛。

顾晓军 / 摄

XIN ZENG 新增

丝光椋鸟　雀形目｜椋鸟科

【学　　名】*Spodiopsar sericeus*

【英 文 名】Red-billed Starling

【别　　名】牛屎八哥

【形态特征】中型鸟类，体长 18~23 厘米。两翼及尾辉黑。飞行时初级飞羽的白斑明显，头具近白色丝状羽，上体余部白色。虹膜黑色；嘴红色，嘴端黑色；脚暗橘黄色。

【生态习性】夏候鸟；栖息于海拔 1000 米以下的低山丘陵次生林、稀树草坡等开阔地带；迁徙时可结成大群；取食植物果实、种子和昆虫；繁殖期 5~7 月，树洞营巢，窝卵数 5~7 枚，雌鸟孵化，双亲育雏，晚成鸟。

【居留状况】广泛分布于华北、华中、华南、东南和西南地区，为常见留鸟，华北部分种群冬季南迁，在台湾为不常见冬候鸟。长岛域内偶见。

【保护状况】LC(无危)。

【拍摄时间、地点】2020 年 6 月 6 日 17:24，拍摄于长岛的砣矶岛。

顾晓军 / 摄

顾晓军 / 摄

八哥　雀形目 | 椋鸟科

【学　　名】*Acridotheres cristatellus*

【英 文 名】Crested Myna

【别　　名】黑八哥、鸲鹆、寒皋、凤头八哥、了哥仔

【形态特征】中型鸟类，体长 23~28 厘米。体大的黑色八哥。冠羽突出，与林八哥的区别在冠羽较长。尾端有狭窄的白色纹，尾下覆羽具黑及白色横纹。虹膜橘黄色；嘴浅黄，嘴基红色；脚暗黄色。

【生态习性】留鸟；栖息于阔叶林林缘及村落附近；冬季集群，鸣声嘈杂，善效仿其他鸟鸣；常在耕牛身后或背上啄食昆虫、寄生虫等；繁殖期 3~7 月，树洞或壁龛营巢，窝卵数 4~6 枚，双亲育雏，雏鸟晚成。

【居留状况】为黄河以南大部分地区的常见留鸟；在北方部分地区有逃逸个体形成的种群。长岛域内偶见。

【保护状况】LC(无危)。

【拍摄时间、地点】2020 年 12 月 16 日 15:18，拍摄于长岛的南长山岛。

王小平 / 摄

白眉地鸫　　雀形目 | 鸫科

【学　　名】*Geokichla sibirica*

【英 文 名】Siberian Thrush

【别　　名】白眉麦鸡、西伯利亚地鸫、地穿草鸫、阿南鸡

【形态特征】中型鸟类，体长 20~23 厘米。雄鸟蓝黑色，白色眉纹显著，尾羽羽端及臀部白色。雌鸟橄榄褐色，下体皮黄白色及赤褐色，眉纹黄白色。

【生态习性】旅鸟；栖息于混交林、阔叶林；迁徙期见于林缘、农田附近林地；地面跳跃前行，性隐蔽；主食昆虫，兼食浆果、种子。

【居留状况】繁殖于内蒙古（北部）、黑龙江，迁徙时经过我国中部、东部各地，在华南地区有越冬记录。长岛域内偶见。

【保护状况】LC(无危)。

王小平 / 摄

虎斑地鸫　　雀形目 | 鸫科

【学　　名】*Zoothera aurea*

【英 文 名】White's Thrush

【别　　名】顿鸡，虎斑山鸫

【形态特征】鸫类中最大的一种，体长 26~30 厘米。雌雄酷似，额至尾上覆羽呈鲜亮橄榄赭褐色，具亮棕色羽干纹、黑色端斑和金棕色次端斑，在上体形成明显的黑色鳞状斑，下体浅棕白色，除额、喉和腹中部外均具黑色鳞状斑。虹膜黑褐色；嘴灰褐色；脚肉棕色。

【生态习性】旅鸟；喜茂密、潮湿近水林地；地栖性鸟类；主食昆虫，兼食果实、种子。

【居留状况】全国各地均有分布。繁殖于东北北部，越冬于华东、华南、西南各地，其余地区为旅鸟。较为常见，长岛域内偶见。

【保护状况】LC(无危)。

王小平 / 摄

灰背鸫　　雀形目｜鸫科

【学　　名】*Turdus hortulorum*

【英 文 名】Grey-backed Thrush

【别　　名】灰背穿草鸡

【形态特征】中型鸟类，体长 18~23 厘米。雄鸟上体从头至尾包括两翼表面均蓝灰色，胁、翅下覆羽橙栗色，下胸中部及腹部白色，两翅和尾黑色。雌鸟颏、喉两侧及胸部具黑色斑。虹膜褐色；嘴黄色；脚肉色。

【生态习性】旅鸟；主要栖息于混交林、阔叶林；迁徙季节可出现在农田、公园绿地；常单独或成对活动，有时和其他鸫类结成松散混合群，地栖性，甚惧生；主要以昆虫及其幼虫为食。

【居留状况】单型种。繁殖于我国东北地区；迁徙经北京及东部沿海各地；越冬于长江流域以南地区，在越冬区较常见。长岛域内偶见。

【保护状况】LC(无危)。

白眉鸫　雀形目｜鸫科

【学　　名】*Turdus obscurus*

【英 文 名】Eyebrowed Thrush

【形态特征】中型鸟类，体长 20~24 厘米。雄鸟头、颈灰褐色，白色眉纹显著，上体橄榄褐色，胸和两胁棕黄色，腹和尾下覆羽白色。雌鸟羽色稍浅，喉白色具褐色条纹，下颊纹灰白色。虹膜褐色；嘴基部黄端黑；脚偏黄色至深肉棕色。

【生态习性】旅鸟；栖息于山地森林、林缘灌丛；迁徙期间成群；地面活动，性活泼；以昆虫为食，也吃果实、种子。

丰淑亮 / 摄

【居留状况】单型种。国内繁殖于黑龙江北部；迁徙经除西部外的全国大部分地区；越冬于华南和西南地区，长岛域内偶见。

【保护状况】LC(无危)。

白腹鸫　雀形目｜鸫科

【学　　名】*Turdus pallidus*

【英 文 名】Pale Thrush

【别　　名】白眉白腹鸭、白腹穿草鸡

【形态特征】中型鸟类，体长 22~23 厘米。雄鸟额、头顶及枕为棕灰褐色，无眉纹，上体栗色，尾羽黑褐粘灰色，外侧两枚尾羽端白色而宽，腹中央及尾下覆羽白色粘灰。雌鸟色深，头部黑褐色，喉白有细纹。虹膜褐色；上嘴黑色；脚浅褐色。

王小平 / 摄

【生态习性】旅鸟；栖息于近河谷、溪流阔叶林、混交林；地面活动，性羞怯；主食昆虫，兼食果实、种子。

【居留状况】单型种。繁殖于东北地区；迁徙经华北；越冬于华东、华南以及西南地区，在东部越冬区较为易见，西部各地偶有记录。长岛域内偶见。

【保护状况】LC(无危)。

赤颈鸫　　雀形目｜鸫科

【学　　名】*Turdus ruficollis*

【英 文 名】Red-throated Thrush

【别　　名】红脖穿草鸡

【形态特征】中型鸟类，体长 22~25 厘米。上体灰褐色，有窄的栗色眉纹。颏、喉、上胸红褐色，腹至尾下覆羽白色，腋羽和翼下覆羽橙棕色。虹膜暗褐色；嘴黑褐色，下嘴基部黄色；脚暗褐色。

【生态习性】旅鸟；栖息于海拔 1000~3000 米的山地草地或丘陵疏林、平原灌丛；成松散群体；取食昆虫、小动物及草籽和浆果。

【居留状况】繁殖于新疆西部和北部；迁徙经东北、西北大部分地区；越冬于东北南部、华北、西南地区，华东、华中地区亦有少量记录。冬季于越冬区中东部较常见，长岛域内偶见。

【保护状况】LC(无危)。

王小平 / 摄

斑　鸫　　雀形目｜鸫科

【学　　名】*Turdus eunomus*

【英 文 名】Dusky Thrush

【别　　名】穿草鸡、红尾鸫、斑点鸫

【形态特征】中型鸟类，体长 19~24 厘米。上体黑褐色，两翼棕栗色，眉纹、颏、喉黄白色，尾上覆羽褐色，胸、胁具黑褐色斑纹。雄鸟头顶黑色，背部黑色与翼上棕色对比显著。雌鸟背部偏棕色。虹膜深褐色；上嘴偏黑色，下嘴黄色；脚褐色。

【生态习性】旅鸟；常与红尾斑鸫混群，习性类似红尾斑鸫。

【居留状况】单型种。几乎出现于我国各地，为旅鸟或冬候鸟。长岛域内偶见。

【保护状况】LC(无危)。

顾晓军 / 摄

顾晓军 / 摄

乌鸫　　雀形目｜鸫科

【学　　名】*Turdus mandarinus*

【英 文 名】Chinese Blackbird

【别　　名】黑鸫、黑洋雀

【形态特征】体形较大的深色鸫，体长 28~29 厘米。雄鸟通体黑色，嘴黄色；雌鸟黑褐色，嘴黄绿色。虹膜褐色；脚褐色。

【生态习性】留鸟；喜低山丘陵和城市绿地；地面觅食，虽居人烟密集区，但性胆怯，不易靠近；主要以双翅目、鞘翅目、直翅目昆虫及其幼虫为食；繁殖期 5~8 月，营巢于乔木枝梢上或树木主干分支处，窝卵数 4~5 枚。

【居留状况】广泛分布于我国中东部。北起北京、内蒙古（东部），西抵甘肃、四川、云南，南至海南，均有记录，分布区内非常常见。长岛域内罕见。

【保护状况】LC(无危)。

【拍摄时间、地点】2021 年 6 月 5 日 16:29，拍摄于长岛的大黑山岛。

丰淑亮 / 摄

红尾鸫　　雀形目｜鸫科

【学　　名】*Turdus naumanni*

【英 文 名】Naumann's Thrush

【形态特征】中型鸟类，体长 20~24 厘米。上体灰褐色，眉纹、喉和胸部栗红色，延伸至两胁亦具栗红色斑点，最外侧两根尾羽栗红色。虹膜褐色；上嘴黑色，下嘴端部黑色而基部黄色；脚肉色。

【生态习性】旅鸟；栖息于森林，冬季结成大群活跃在林缘、农田、果园及城镇；常与斑鸫混群；性活跃，较不惧人，尖细的叫声可以传播很远；以昆虫为食，兼食果实、种子。

【居留状况】单型种。除西藏、海南外，出现于我国大部分地区，为旅鸟或冬候鸟，东部地区常见，西部地区偶见或罕见。长岛域内罕见。

【保护状况】LC(无危)。

【拍摄时间、地点】2021 年 10 月 21 日 13:45，拍摄于长岛的北隍城岛。

陈云江 / 摄

王小平 / 摄

宝兴歌鸫　　雀形目｜鸫科

【学　　名】*Turdus mupinensis*

【英 文 名】Chinese Thrush

【别　　名】穿草鸡、歌鸫

【形态特征】中型鸟类，体长 20~24 厘米。雌雄相似；脸颊皮黄具黑色细纹，耳羽后侧具黑色斑块；上体褐色，翼上有两道近白色斑；下体皮黄而具明显近圆形黑斑；虹膜褐色，嘴污黄，脚暗黄。

【生态习性】旅鸟；繁殖于较高海拔针叶林带，尤喜溪旁栎林、林下灌丛；迁徙季节可至低海拔河谷林地、果园；主要取食鳞翅目幼虫等昆虫。

【居留状况】留鸟见于我国中部、西南地区，以及陕西（南部）、宁夏、甘肃（南部）；夏候鸟见于太行山区，并沿太行山延伸至北京、河北北部。长岛域内偶见。

【保护状况】LC(无危)。

红尾歌鸲　　雀形目｜鹟科

【学　　名】*Larvivora sibilans*

【英 文 名】Rufous-tailed Robin

【别　　名】红腰鸥鸲

【形态特征】小型鸟类，体长 13~15 厘米。上体橄榄褐色，尾羽棕栗色，下体近白，胸部具橄榄色扇贝形纹，雌雄类似但前者褐色更多；虹膜褐色，嘴黑色，脚粉褐。

王小平／摄

【生态习性】旅鸟；常栖于茂密多荫林地、竹林地面或溪流边低矮灌丛，地面跳动行走觅食，不甚惧人，尾颤动有力；以卷叶蛾等多种害虫为食。

【居留状况】见于东北、华北、华中、华东、华南、西南等地区，为东北地区的夏候鸟，西南地区的冬候鸟，其余多数地区主要为旅鸟。长岛域内常见。

【保护状况】LC(无危)。

蓝歌鸲　　雀形目｜鹟科

【学　　名】*Larvivora cyane*

【英 文 名】Siberian Blue Robin

【别　　名】蓝靛杠、蓝尾巴根子、青鸲

【形态特征】小型鸟类，体长 12~14 厘米。雄鸟上体蓝色，黑色过眼纹延至颈侧和胸侧，下体白色。雌鸟上体橄榄褐色，喉及胸褐色，并具皮黄色鳞状斑纹，腰及尾上覆羽沾蓝色。虹膜黑褐色；嘴蓝黑色；脚粉红色。

【生态习性】旅鸟；地栖性鸟类，多在密林地面活动，鸣声婉转；性极机警，尾频繁上下摆动；以各类昆虫和无脊椎动物为食。

【居留状况】见于东北、华北、华中、华东、华南、东南、西南等地，为东北、华北地区的夏候鸟及旅鸟，西南地区冬候鸟，其余多数地区主要为旅鸟。长岛域内常见。

【保护状况】LC(无危)。

王小平／摄

王小平／摄

雄性 顾晓军 / 摄

雌性 王小平 / 摄

丰淑亮 / 摄

蓝喉歌鸲 　　雀形目｜鸫科

【学　　名】*Luscinia svecica*

【英 文 名】Bluethroat

【别　　名】蓝秸芦犒鸟、蓝点颏、蓝靛杠

【形态特征】小型鸟类，体长 14~16 厘米。雄鸟喉部具栗色、蓝色及黑白色图纹组成的斑块，眉纹近白，飞行时可见外侧尾羽基部的棕色，上体灰褐色，下体白色，尾深褐色。雌鸟喉具白色及黑色点斑组成的胸带。虹膜、嘴深褐色；脚粉红色。

【生态习性】旅鸟；出没于近溪流灌丛或草丛，性隐匿，地面活动，鸣叫时伴随尾的上下摆动，不甚惧人。

【居留状况】广泛分布于全国各地，为东北地区不常见夏候鸟，南部地区的不常见冬候鸟，迁徙经多数地区。长岛域内偶见。

【保护状况】LC（无危）；国家二级保护野生动物。

红喉歌鸲　　雀形目｜鹟科

【学　　名】*Calliope calliope*
【英 文 名】Siberian Rubythroat
【别　　名】红点颏、红脖

【形态特征】小型鸟类，体长 14~16 厘米。体羽大部分为纯橄榄褐色，具醒目的白色眉纹和颊纹。雄鸟喉部红色；雌鸟喉部白色，部分雌鸟喉染少许红色，老年变成粉红色。虹膜褐色；嘴深褐色；脚粉褐色。

【生态习性】旅鸟；栖息于近溪流灌丛、草丛；典型的栖性鸟类，性孤僻而机警，地面行走寂静无声；以昆虫为食。

【居留状况】见于东北各地，为东北地区夏候鸟，甘肃、青海有繁殖种群，南部地区冬候鸟，其余各地旅鸟。长岛域内偶见。

【保护状况】LC(无危)；国家二级保护野生动物。

刘毅 / 摄

红胁蓝尾鸲　　雀形目｜鹟科

【学　　名】*Tarsiger cyanurus*
【英 文 名】Orange-flanked Bluetail

【形态特征】小型鸟类，体长 12~14 厘米。雄鸟眉纹白色，头、颈、上体亮蓝色，下体白色，颏、喉、胸棕白色，腹至尾下覆羽白色，两胁橙棕色。雌鸟上体褐色，两胁橙棕色，尾蓝褐色。虹膜褐色；嘴黑色；脚灰色。

【生态习性】旅鸟或冬候鸟；性较隐匿，栖息于阔叶林、混交林或针叶林林缘；常成对或单独活动；主要以甲虫、蛾类及其幼虫等为食。

【居留状况】华北、东北、青海、甘肃等地有繁殖记录，长江以南地区可见越冬个体，迁徙时见于各地。长岛域内常见。

【保护状况】LC(无危)。

雄性 顾晓军 / 摄

雌性 丰淑亮 / 摄

徐永春 / 摄

赭红尾鸲　　雀形目｜鹟科

【学　　名】*Phoenicurus ochruros*

【英 文 名】Black Redstart

【别　　名】火燕

【形态特征】小型鸟类，中等体形而色深的红尾鸲，体长 14~15 厘米。雄鸟额、头侧、颈侧、颏、喉和上胸黑色，头顶、下背和腰灰色，上背、两肩黑沾灰，腹部栗色，尾羽锈棕色，中央尾羽褐色。雌鸟似北红尾鸲雌鸟，但无白色翼斑。虹膜褐色；嘴及脚黑色。

【生态习性】迷鸟；通常出现于空旷的环境，也会站于建筑物、土坡等显眼处，站姿相对较平，具点头、抖尾的行为。以鞘翅目、鳞翅目和膜翅目昆虫为食；繁殖期 5~7 月，窝卵数 4~6 枚。

【居留状况】分布于除新疆外的西北和西南地区，常见。迷鸟至北京、河北、山东、浙江、湖北、广东、海南、香港和台湾。长岛域内偶见。

【保护状况】LC(无危)。

顾晓军 / 摄

雄性 顾晓军 / 摄

雌性 顾晓军 / 摄

北红尾鸲　　雀形目 | 鹟科

【学　　名】*Phoenicurus auroreus*

【英 文 名】Daurian Redstart

【别　　名】黄尾鸲

【形态特征】小型鸟类，体长 13~15 厘米。雄鸟头顶、枕、后颈灰白色，胸、腹至尾下覆羽橙红色，脸、喉、背、翅黑色，翅上具醒目白色翼斑。雌鸟通体橄榄褐色，下体略浅，尾褐色，外侧尾羽橙红色。虹膜褐色；嘴、脚黑色。

【生态习性】留鸟；主要栖息于山地、森林、林缘等多种生境，尤以居民点及附近林地、农田常见；主要以昆虫为食；繁殖期 4~7 月，洞穴营巢，窝卵数 6~8 枚，异步孵化，雌鸟孵卵，双亲育雏，雏鸟晚成。

【居留状况】遍布全国各地。在长江以南为冬候鸟，以北为旅鸟或夏候鸟、留鸟，分布区内普通常见。长岛域内常见。

【保护状况】LC(无危)。

徐永香／摄

红腹红尾鸲 雀形目｜鹟科

【学　　名】*Phoenicurus erythrogastrus*

【英 文 名】White-winged Redstart

【形态特征】体大而色彩醒目，体长 15~17 厘米。似北红尾鸲但体形较大。雄鸟头顶及颈背灰白，尾羽栗色，翼上白斑甚大；雌鸟褐色的中央尾羽与棕色尾羽对比不强烈，翼上无白斑。虹膜褐色；嘴及脚黑色。

【生态习性】旅鸟或冬候鸟；栖息于开阔而多岩的高山旷野；迁徙越冬可至低海拔河谷；性惧生而孤僻，单独或成小群活动；雄鸟常在空中颤抖双翼以显示其醒目的白色翼斑；常停歇于树枝、石块顶端，尾常频繁上下摆动；地面觅食各种昆虫。

【居留状况】繁殖于除西藏中部、南部、西部之外的西部地区；越冬于北京、河北、四川、云南北部等地。较常见，长岛域内偶见。

【保护状况】LC(无危)。

红尾水鸲　雀形目 ｜ 鹟科

【学　　名】*Phoenicurus fuliginosus*

【英 文 名】Plumbeous Water Redstart

【别　　名】铅色红尾鸲、点水雀、石燕儿

【形态特征】小型鸟类，体长 12~13 厘米。雌雄异色，雄性通体辉蓝，翼黑褐，尾栗色；雌鸟上体灰褐，臀、腰及外侧尾羽基部白色，尾余部黑色，下体灰色布以由灰色羽缘形成的鳞状斑。虹膜深褐色；嘴黑色；脚褐色。

【生态习性】留鸟；主要栖息于山地溪流、河谷沿岸；主要以昆虫为食；繁殖期 3~7 月，岸边洞穴、树洞营巢，窝卵数 3~6 枚，雌鸟孵卵，双亲育雏，雏鸟晚成。

徐永春 / 摄

【居留状况】常见于中国南部、东部的绝大多数地区。长岛域内偶见。

【保护状况】LC (无危)。

紫啸鸫　雀形目 ｜ 鹟科

【学　　名】*Myophonus caeruleus*

【英 文 名】Blue Whistling Thrush

【别　　名】山鸣鸡

【形态特征】体长 29~35 厘米。雌雄羽色近似，通体蓝黑，翼上覆羽点缀浅色斑点，翼及尾闪紫色光泽。虹膜褐色；嘴黑或黄色；脚黑色。

【生态习性】夏候鸟；栖息于中街海拔至3600 米的林地溪流，常成对在灌木丛互相

顾晓军 / 摄

追逐；地面取食，以昆虫和小蟹为食。兼吃浆果及其他植物；巢筑在岩隙间、树杈或山上庙宇的横梁上；繁殖期 4~6 月，窝卵数 4 枚。

【居留状况】地方性常见留鸟。长岛域内偶见。

【保护状况】LC (无危)。

黑喉石䳭　雀形目｜鹟科

【学　　名】*Saxicola maurus*

【英 文 名】Siberian Stonechat

【别　　名】野翁、谷尾鸟、石栖鸟

【形态特征】小型鸟类，中等体形的黑、白及赤褐色鸟，体长 12~15 厘米。雄鸟头部及飞羽黑色，背深褐，颈及翼上具粗大白斑，腰白，胸棕色。雌鸟色较暗而无黑色，下体皮黄，仅翼上具白斑。虹膜深褐；嘴及脚黑色。

【生态习性】旅鸟；分布广而适应性强的灌丛、草地鸟类，栖息在开阔环境，如农田、花园及次生灌丛，喜停歇于孤立小树桩或灌木顶端；主要以昆虫为食。

【居留状况】全国各地均有分布。长岛域内常见。

【保护状况】NR(未认可)。

雄性　顾晓军 / 摄

雌性　顾晓军 / 摄

蓝矶鸫　雀形目｜鹟科

【学　　名】*Monticola solitarius*

【英 文 名】Blue Rock Thrush

【别　　名】麻石青

【形态特征】小型鸟类，体长 20~23 厘米。雄鸟上体几乎纯蓝色，翼、尾近黑色，下体前蓝后栗红色。雌鸟上体蓝灰色，翅和尾黑色，下体棕白色，且羽上缀黑色波状斑。亚成鸟似雌鸟，但上体具黑白色鳞状斑纹。虹膜褐色；嘴、脚黑色。

顾晓军 / 摄

【生态习性】夏候鸟；喜栖息于海边、库区凸出岩石、屋顶及枯树之上；多在地上觅食，常从高处直落地面捕猎，或突然飞出捕食空中昆虫；繁殖期 5~7 月，岩石缝隙营巢，窝卵数 3~6 枚，雌鸟孵卵，双亲育雏，雏鸟晚成。

【居留状况】常见留鸟。长岛域内常见。

【保护状况】LC(无危)。

白喉矶鸫　　雀形目 | 鸫科

【学　　名】*Monticola gularis*
【英 文 名】White-throated Rock Thrush
【别　　名】蓝头白喉矶鸫、白喉矶、虎皮翠、葫芦翠、蓝头矶

【形态特征】小型鸟类，体长 17~19 厘米。雄鸟头顶及肩部蓝色，头侧黑色，下体多橙栗色，喉、翼具白色斑块。雌鸟羽色暗淡，上体多为橄榄褐色，上、下体具黑色粗鳞状斑纹。虹膜褐色；嘴、脚黑色。

【生态习性】旅鸟；栖息于混交林、针叶林或多草多岩石地带；冬季结群，可长时间静立；主要以昆虫为食。

【居留状况】国内见于东部地区，为华北、东北地区夏候鸟和旅鸟，迁徙时见于东部多数地区。长岛域内偶见。

【保护状况】LC(无危)。

雌性 王小平 / 摄

雄性 王小平 / 摄

灰纹鹟　　雀形目 | 鹟科

【学　　名】*Muscicapa griseisticta*
【英 文 名】Grey-streaked Flycatcher
【别　　名】灰斑鹟、斑胸鹟

【形态特征】小型鸟类，体长 13~15 厘米，体形略小的褐灰色鹟。眼圈白、下体白色，胸及两胁满布深灰色纵纹，额具狭窄的白色横带，并具狭窄的白色翼斑。翼长，几至尾端。虹膜褐色；嘴及脚黑色。

【生态习性】旅鸟；常在针叶林、混交林树冠层活动；性惧生；以各类昆虫为食。

丰淑亮 / 摄

【居留状况】国内见于东部地区，多为各地不常见旅鸟，部分个体在东北繁殖。长岛域内偶见。

【保护状况】LC(无危)。

乌鹟　雀形目｜鹟科

【学　　名】*Muscicapa sibirica*

【英 文 名】Dark-sided Flycatcher

【别　　名】鲜卑鹟

【形态特征】小型鸟类，体长 12~14 厘米。眼圈白色，颈部具白色半环。上体乌灰褐色，翅黑褐色，内侧飞羽具白色羽缘；下体污白色，胸和两胁纵纹模糊，尾黑褐色。虹膜黑褐色；嘴、脚黑色。

【生态习性】旅鸟；栖息于山区或山麓森林林下植被层及林间；喜停歇于树冠下部裸露外伸的横枝；主要以昆虫为食。

【居留状况】国内见于东部和中部多数地区。长岛域内偶见。

【保护状况】LC(无危)。

丰淑亮 / 摄

丰淑亮 / 摄

北灰鹟　雀形目｜鹟科

【学　　名】*Muscicapa dauurica*

【英 文 名】Asian Brown Flycatcher

【别　　名】黑鹟

【形态特征】小型鸟类，体长 12~14 厘米，体形略小。眼周和眼先白色，上体灰褐色，翅暗褐色，大覆羽具窄的灰色端缘，三级飞羽具棕白色羽缘，胸和两胁淡灰褐色，下体灰白色，尾暗褐色。

【生态习性】旅鸟；栖息于各种海拔林地；活动于树冠中下层，常从栖处飞捕食物后返回原地；主要以昆虫为食。

【居留状况】见于东部和中部多数地区。多数繁殖于东北，迁徙时见于东部地区，东南地区有越冬个体。长岛域内偶见。

【保护状况】LC(无危)。

顾晓军 / 摄

白眉姬鹟   雀形目｜鹟科

【学　　名】*Ficcdula zanthopygia*

【英　文　名】Yellow-rumped Flycatcher

【别　　名】鸭蛋白

【形态特征】小型鸟类，体长 12~14 厘米。雄鸟眉纹白色，上体大部分黑色，翅上具白斑，腰、下体黄色。雌鸟上体大部分橄榄绿色，翅上亦具白斑，腰黄色，下体淡黄绿色。虹膜褐色；嘴黑色；脚灰色。

【生态习性】夏候鸟；栖息于低山丘陵和山脚地带阔叶林和针阔叶混交林；常急速短距离飞捕昆虫；繁殖期 5~7 月，树洞营巢，窝卵数 4~7 枚，异步孵化，雌鸟孵卵，双亲育雏，雏鸟晚成。

【居留状况】见于东部地区，为东北、华北、华中等地的不常见夏候鸟及旅鸟，其余各地旅鸟。长岛域内偶见。

【保护状况】LC(无危)。

雄性 顾晓军 / 摄

雌性 丰淑亮 / 摄

黄眉姬鹟   雀形目｜鹟科

【学　　名】*Ficedula narcissina*

【英　文　名】Narcissus Flycatcher

【别　　名】黄眉鹟

【形态特征】小型鸟类，体长 13~13.5 厘米。雄鸟上体黑色，腰黄，翼具白色块斑，以黄色的眉纹为特征；下体多为橘黄色。雌鸟上体橄榄灰，尾棕色；下体浅褐沾黄，腰无黄色。虹膜暗褐色；嘴蓝黑色；脚铅蓝色。

【生态习性】旅鸟；栖息于混交林、阔叶林和林缘灌丛；单独或成对活动；多在树冠层活动飞捕各类昆虫。

【居留状况】迁徙经华北、华东及华南沿海地区，包括海南和台湾，为各地常见或不常见旅鸟，海南可能有越冬种群。长岛域内偶见。

【保护状况】LC(无危)。

王开红 / 摄

鸲姬鹟　雀形目 | 鹟科

【学　　名】*Ficedula mugimaki*

【英 文 名】Mugimaki Flycatcher

【别　　名】鸲鹟、姬鹟、郊鹟、麦鹟

【形态特征】小型鸟类，体长 12~14 厘米。雄鸟头、上体蓝黑色，眼后具白色眉斑，翅上具白色翼斑；下体锈红色，尾黑褐色，外侧尾羽基部白色。雌鸟白色眉纹淡，上体灰褐色，具两道浅色翼斑，颏至上腹淡棕黄色；其余下体白色。虹膜深褐色；嘴暗角质色；脚深褐色。

王小平 / 摄

【生态习性】旅鸟；栖息于阔叶林、混交林、针叶林林缘地带、林间空地；具有类似其他姬鹟的习性。

【居留状况】见于东部地区，为东北地区的不常见夏候鸟，东南地区冬候鸟，迁徙时见于分布区内各处。长岛域内偶见。

【保护状况】LC(无危)。

红喉姬鹟　雀形目 | 鹟科

【学　　名】*Ficedula albicilla*

【英 文 名】Taiga Flycatcher

【别　　名】白点颏、黑尾杰、红胸翁、黄点颏

【形态特征】小型鸟类，体长 12~14 厘米。雄鸟眼先、眼周白色，上体灰褐色，尾上覆羽和中央尾羽黑褐色，外侧尾羽褐色，基部白色，颏、喉繁殖期橙红色，胸淡灰色；其余下体白色，非繁殖期间颏、喉变为白色。雌鸟颏、喉白色，胸沾棕色。虹膜深褐色；嘴、脚黑色。

丰淑亮 / 摄

【生态习性】旅鸟；栖息于山地森林和山脚平原地带林区；性活泼但惧生，常停歇于树冠顶枝飞捕各种昆虫。常单独或成对活动，迁徙或越冬时可见小群。性活跃，喜在林中层或灌木层活动，常在树枝间跳跃或飞行。时常从树枝上飞到空中捕食昆虫，又落回原处，有时亦在林下灌丛或地面活动，喜上下摆尾。

丰淑亮 / 摄

【居留状况】迁徙经国内各地。长岛域内偶见。

【保护状况】LC(无危)。

白腹蓝鹟　　雀形目 | 鹟科

徐永春 / 摄

【学　　名】*Cyanoptila cyanomelana*
【英 文 名】Blue-and-white Flycatcher
【形态特征】体长 14~17 厘米。雄鸟头、背至尾钴蓝色，喉部蓝黑色，腹部近白色，外侧尾羽基部白色。雌鸟上体灰褐色。虹膜褐色；嘴、脚黑色。
【生态习性】旅鸟；栖息于混交林、阔别林近河谷林带；性机警怯生，单独活动；以各种昆虫为食。
【居留状况】国内主要见于东部地区，为东北地区夏候鸟，东部多数地区较常见旅鸟，长岛域内偶见。
【保护状况】LC(无危)。

铜蓝鹟　　雀形目 | 鹟科

丰淑亮 / 摄

丰淑亮 / 摄

【学　　名】*Eumyias thalassinus*
【英 文 名】Verditer Flycatcher
【别　　名】黄头雀
【形态特征】体形略大，体长 13~16 厘米。雄鸟通体为鲜艳的铜蓝色，眼先黑色；雌鸟色暗，眼先暗黑。雌雄两性尾下覆羽均具白色鳞状斑纹。虹膜褐色；嘴黑色；脚近黑。
【生态习性】栖息在山地针阔叶混交林和灌丛中，多成对活动，有时到林缘耕作区觅食。以金龟子等甲虫为食，兼食植物的种子。
【居留状况】国内见于南方多数地区，多为分布区内不常见夏候鸟和留鸟。偶有迷鸟记录见于河北、北京等地。长岛域内偶见。
【保护状况】LC(无危)。

红胸姬鹟 雀形目｜鹟科

【学　　名】*Ficedula parva*

【英 文 名】Red-breasted Flycatcher

【形态特征】体形较大，体长 11~13 厘米。雄鸟上体灰黄褐色，眼先、眼周白色，尾上覆羽和中央尾羽黑褐色，外侧尾羽褐色，基部白色；额、喉繁殖期间橙红色，胸淡灰色，其余下体白色；非繁殖期额、喉变为白色。尾展开显露基部的白色。雌鸟额、喉白色，胸沾棕，其余同雄鸟。

【居留状况】国内于东部沿海地区和新疆地区有少量迷鸟记录，通常见于秋冬季节。长岛域内偶见。

【保护状况】LC(无危)。

【拍摄时间、地点】2011 年 2 月 7 日 14:48，拍摄于长岛的大黑山岛。

顾晓军 / 摄

东亚石䳭 雀形目｜鹟科

【学　　名】*Saxicola stejnegeri*

【英 文 名】Stejneger's Stonechat

【形态特征】体长 12~14 厘米，雄鸟头部及飞羽黑色。颈及翼上具粗大白斑，腰白色，下体白染淡红色，胸棕色。雌鸟淡褐色无黑色，下体皮黄色，仅翼上具白斑。与黑喉石䳭相比嘴较粗宽，下体及两胁棕色较浅淡，下腹近白色。虹膜深褐色；嘴、脚黑色。

【居留状况】广布于东部地区，部分个体繁殖于东北地区，越冬于东南地区，迁徙时常见于分布区内各地。长岛域内偶见。

【保护状况】LC(无危)。

【拍摄时间、地点】2020 年 9 月 19 日 15:49，拍摄于长岛的北隍城岛。

丰淑亮 / 摄

太平鸟　　雀形目｜太平鸟科

顾晓军 / 摄

【学　　名】*Bombycilla garrulus*
【英 文 名】Bohemian Waxwing
【别　　名】练雀、十二黄
【形态特征】小型鸟类，体长 19~23 厘米。额喉黑色，贯眼纹从嘴基经眼至后枕，通体灰褐色，具栗色羽冠及白色翅斑，尾具黑色次端斑和黄色端斑。雄鸟非繁殖羽额头前栗色，后部灰栗色，羽冠明显；雌鸟色淡。雄鸟次级飞羽具明显红色蜡凸，初级飞翼外缘黄色，形成明显的黄色纵纹；雌鸟的黄色纵纹较淡。虹膜、嘴、脚黑褐色。
【生态习性】冬候鸟或旅鸟；栖息于针叶林、针阔叶混交林；冬季成群，喜停歇于树冠部；以昆虫和浆果为食。
【居留状况】在国内为冬候鸟，见于东北、华北和新疆西部，不同年份的数量会有较大波动，通常每隔 2~3 年会有一次爆发性出现，数量多时亦见于华中、华东。长岛域内偶见。
【保护状况】LC(无危)。

小太平鸟　　雀形目｜太平鸟科

【学　　名】*Bombycilla japonica*
【英 文 名】Janpanese Waxwing
【别　　名】练雀、十二黄
【形态特征】小型鸟类，体长 18~20 厘米。与太平鸟相似，但稍小。尾部具红色端斑，大覆羽末端红色，过眼纹粗，羽冠下部亦为黑色。雄鸟初级飞羽外缘白色，形成数条白色横纹。雌鸟初级飞羽外缘白色，形成一道白色纵纹。虹膜、嘴、脚黑褐色。

丰淑亮 / 摄

【生态习性】旅鸟或冬候鸟；栖息于低山、丘陵和平原地区阔叶林、混交林和针叶林；迁徙及越冬期间成小群停歇于树冠部，常与太平鸟混群；以植物果实及种子为主食。
【居留状况】在国内为冬候鸟，见于东北、华北地区，不同年份的数量会有较大的波动，数量较大时华东地区亦较常见，并可能出现在华南和西南地区。长岛域内偶见。
【保护状况】NT(近危)。

臧红专 / 摄

戴 菊　雀形目｜戴菊科

【学　　名】*Regulus regulus*

【英 文 名】Goldcrest

【形态特征】小型鸟类，体长 9~10 厘米。雄鸟上体橄榄绿色，头顶具菊花状黄色羽冠，中央橙黄色，羽冠两侧具黑色纵纹，翼上具两道白斑；下体近白色。雌鸟头顶明黄色。幼鸟似雌鸟。虹膜深褐色；嘴黑色；脚偏褐色。

【生态习性】冬候鸟或旅鸟；主要栖息于针叶林和针阔叶混交林树冠层；主要以各种昆虫为食，冬季兼食少量植物种子。

【居留状况】繁殖于东北地区；越冬于华北及以南的东部、中部地区。长岛域内偶见。

【保护状况】LC(无危)。

领岩鹨　　雀形目｜岩鹨科

王小平 / 摄

【学　　名】*Prunella collaris*

【英 文 名】Alpine Accentor

【别　　名】大麻雀、红腰岩鹨

【形态特征】小型鸟类，体长 15~18 厘米。喉具黑白相同横斑，头、颈、上背、胸灰褐色，其余体羽黄褐色。翅黑褐色，覆羽具两道白色羽斑，腰和尾上覆羽棕栗色，尾黑色具白色端斑。虹膜红褐色；嘴近黑色，下嘴基黄色；脚红褐色。

【生态习性】夏候鸟；一般栖息于多岩石而灌木丛生的高海拔地区；单独活动，不怯生；主要以甲虫、蚂蚁等昆虫为食，也吃其他小型无脊椎动物和植物性食物；繁殖期 6~7 月，石缝营巢，窝卵数 3~4 枚，同步孵化，雌鸟孵卵。

【居留状况】全国各地均有分布。长岛域内偶见。

【保护状况】LC(无危)。

棕眉山岩鹨　　雀形目｜岩鹨科

顾晓军 / 摄

【学　　名】*Prunella montanella*

【英 文 名】Siberian Accentor

【形态特征】小型鸟类，体长 15~16 厘米。头顶黑褐色，宽大的皮黄色眉纹从额基向后延至枕部，黑色宽阔贯眼纹延至颈部，喉和颈侧及胸黄褐色，腹部及尾下覆羽淡黄色，背部栗红色，具暗褐色纵纹，腰及尾上覆羽灰褐色，飞羽深褐色，羽缘栗色，具两道白色翼斑，尾羽端部灰褐色而基部黑色。虹膜黄色；嘴角质色；脚暗黄色。

【生态习性】冬候鸟或旅鸟；栖息于丘陵灌丛、林缘、农田荒地等，喜单独活动，藏隐于森林及灌丛林下植被；主要以昆虫为食，兼食草籽、浆果等。

【居留状况】在东北和西北地区为旅鸟，越冬于华北至青海东部一带，不罕见。迷鸟至长江流域和台湾。长岛域内偶见。

【保护状况】LC(无危)。

顾晓军 / 摄

顾晓军 / 摄

顾晓军 / 摄

麻 雀　　雀形目｜雀科

【学　　名】*Passer montanus*

【英 文 名】Eurasian Tree Sparrow

【别　　名】家雀

【形态特征】小型鸟类，体长 12~15 厘米。额、头顶至后颈栗褐色，颈背具白色领环，脸颊白色，耳部具黑斑，背沙褐色具黑色纵纹，颏喉黑色；下体污白色。虹膜深褐色；嘴黑色，亚成鸟嘴基部黄色；脚粉褐色。

【生态习性】留鸟；栖息于稀疏林地、田野和城镇居民点；在中国东部替代家麻雀成为城市鸟类的代表；杂食性，主要以禾本科植物种子为食，育雏期则以昆虫为主；繁殖期 3~8 月，营巢于墙洞、屋檐、烟囱等，窝卵数 5~8 枚，双亲孵卵育雏，雏鸟晚成。

【居留状况】极常见留鸟。长岛域内常见。

【保护状况】LC(无危)。

丰淑亮 / 摄

山麻雀　　雀形目 | 雀科

【学　　名】*Passer cinnamomeus*
【英 文 名】Russet Sparrow
【形态特征】体长 14 厘米，雌雄异色。雄鸟顶冠及上体鲜艳黄褐色或栗色，上背具纯黑色纵纹，喉黑色，脸颊污白，嘴灰色。雌鸟色较暗，具深色宽眼纹及奶油色长眉纹，嘴黄色，嘴端色深。虹膜褐色；脚粉褐。
【生态习性】留鸟；结群栖息于开阔林地、耕地附近灌木丛；分布区与同域分布的麻雀大部分不重叠；杂食性，主食植物种子、昆虫、生活垃圾等；繁殖期 4~8 月，洞穴营巢，窝卵数 4~6 枚。
【居留状况】为各地常见留鸟或夏候鸟。长岛域内常见。
【保护状况】LC(无危)。

山鹡鸰　　雀形目｜鹡鸰科

【学　　名】*Dendronanthus indicus*

【英 文 名】Forest Wagtail

【别　　名】刮刮油、树鹡鸰

【形态特征】体长 16~18 厘米。眉纹白色，上体灰褐色，翅上具两道明显的白横斑；下体白色，胸具两道黑色横带，外侧尾羽白色。虹膜红褐色；嘴角质褐色，下嘴较淡；脚偏粉色。

【生态习性】夏候鸟；栖息于开阔林地，单独或成对在开阔森林林冠下部横枝穿

顾晓军 / 摄

行，停栖时尾轻轻左右摆动，繁殖期鸣叫频繁；林间捕食，以昆虫为主；繁殖期 5~6 月，乔木横枝营巢，窝卵数 4~6 枚，雏鸟晚成。

【居留状况】繁殖于东北、华北、华中、华东和西南区北部；越冬于西南、华南地区；在台湾为稀有旅鸟或冬候鸟。长岛域内偶见。

【保护状况】LC(无危)。

黄鹡鸰　　雀形目｜鹡鸰科

【学　　名】*Motacilla tschutschensis*

【英 文 名】Eastern Yellow Wagtail

【别　　名】黄腹灰鹡鸰、黄点水雀

【形态特征】体长 16~18 厘米。眉纹黄色或黄白色，头顶蓝灰色或暗色，上体橄榄绿色或灰色，飞羽黑褐色，具两道白色或黄白色横斑；下体黄色，尾黑褐色，最外侧两对白色。虹膜、嘴褐色；脚黑褐色。

丰淑亮 / 摄

【生态习性】旅鸟；多栖息于林缘、田野、溪流或村落；飞行和停歇姿势同其他鹡鸰；飞行或地面觅食各种昆虫。

【居留状况】全国各地均有分布。长岛域内常见。

【保护状况】LC(无危)。

黄头鹡鸰　　雀形目│鹡鸰科

丰淑亮 / 摄

【学　　名】*Motacilla citreola*

【英 文 名】Citrine Wagtail

【形态特征】中等偏小的鹡鸰，体长 16~20 厘米。背灰色，头、胸和腹部为鲜艳的黄色，外侧尾羽白色，中间尾羽黑色。虹膜深褐色；嘴及脚黑色。

【生态习性】旅鸟；栖息于湖畔、河边、农田、草地、沼泽等各类生境，常成对或成小群活动，偶尔也和其他鹡鸰栖息在一起；主要以昆虫为食，偶尔也吃少量植物性食物。

【居留状况】分布于除西藏中西部外的全国各地，在东北、西北地区为夏候鸟，在华南、西南地区为冬候鸟，其余大部分地区为旅鸟。长岛域内偶见。

【保护状况】LC(无危)。

灰鹡鸰　　雀形目│鹡鸰科

顾晓军 / 摄

【学　　名】*Motacilla cinerea*

【英 文 名】Gray Wagtail

【别　　名】点水雀

【形态特征】体长 16~18 厘米。眉纹白色，上体暗灰色，黑褐色飞羽具白斑，中央尾羽黑褐色，外侧一对尾羽白色；下体黄色。雄鸟颏、喉繁殖期黑色；非繁殖期白色。雌鸟均为白色。虹膜褐色；嘴黑褐色；脚粉灰色。

【生态习性】旅鸟；常栖于山区、丘陵、平原多岩石溪流、河流；习性似白鹡鸰。

【居留状况】除西藏西部外，广布于全国各地。繁殖于东北、西北（北部）、华北（北部）、华东；越冬于华东、华中、华南和西南地区，迁徙经其余各地。长岛域内常见。

【保护状况】LC(无危)。

白鹡鸰　雀形目｜鹡鸰科

【学　　名】*Motacilla alba*

【英 文 名】White Wagtail

【别　　名】马兰花、白脸点水雀

【形态特征】体长 17~20 厘米。前额、颊白色，颏、喉白色或黑色，头顶和后颈黑色，胸黑色，背、肩黑色或灰色，两翅黑色具白色翅斑；下体白色。虹膜深褐色；嘴、脚黑色。

【生态习性】夏候鸟或旅鸟；常单独活动于近水开阔地带；尾上下摇动；波浪状飞行，常边飞边叫；主要取食昆虫；繁殖期 4~7 月，地面营巢，窝卵数 4~6 枚，双亲孵卵育雏，雏鸟晚成。

【居留状况】在分布区内普遍易见。长岛域内常见。

【保护状况】LC(无危)。

顾晓军 / 摄

刘爱华 / 摄

东方田鹨　雀形目｜鹡鸰科

【学　　名】*Anthus rufulus*

【英 文 名】Paddyfield Pipit

【形态特征】体长 15~16 厘米。眼先黑色，胸部有黑色纵纹，胁部无纵纹，最外侧和次外侧尾羽白色，后爪与后趾长度相当。

【生态习性】活动于矮草地、稻田、种植园、机场、路边、湿地边缘、稀树草原林地。

【居留状况】见于云南、四川、广东（北部）、广西、贵州。长岛域内偶见。

【保护状况】LC(无危)。

陈加盛 / 摄

田 鹨 雀形目｜鹡鸰科

【学　　名】*Anthus richardi*

【英 文 名】Richard's Pipit

【别　　名】花鹨、田马扎

【形态特征】体长 17~18 厘米。眉纹皮黄白色，上体黄褐色或棕黄色，头顶和背具暗褐色纵纹；下体白色或皮黄白色，头两侧、胸具暗褐色纵纹，后爪长。虹膜褐色；上嘴黑褐色，下嘴基粉红色；脚粉红色。

【生态习性】夏候鸟或旅鸟；栖息于开阔平原、草地以及农田和沼泽地带，单独或结小群活动；地面行走迅速，站姿较高；取食昆虫和草籽；繁殖期 5~7 月，地面营巢，窝卵数 4~6 枚，雌鸟孵卵，双亲育雏，雏鸟晚成。

【居留状况】广泛分布于除青藏高原、云南外全国各地。繁殖于秦岭—淮河一线以北；越冬于东南、华南地区，迁徙经我国大部分地区，迁徙时较为常见。长岛域内偶见。

【保护状况】LC(无危)。

陈旭／摄

朱英／摄

布氏鹨 雀形目｜鹡鸰科

【学　　名】*Anthus godlewskii*

【英 文 名】Blyth's Pipit

【形态特征】体形较大，体长 15~17 厘米。甚似田鹨和平原鹨的幼鸟。上体纵纹较多；下体为单一的皮黄色。虹膜深褐色；嘴肉色；脚偏黄色。

【生态习性】夏候鸟；栖息于开阔湖泊、农田、果园；食物主要有昆虫、蜘蛛、蜗牛等小型无脊椎动物，此外还吃苔藓、谷粒、杂草种子等植物性食物；繁殖期 5~7 月，地面营巢，窝卵数 4~6 枚，雌鸟孵卵，双亲育雏，雏鸟晚成。

【居留状况】繁殖于东北（西部）、华北（北部）、内蒙古（中部）、青海、宁夏、甘肃、四川（西部）和西藏（东部）；越冬于西南地区，较罕见；迷鸟见于台湾。长岛域内偶见。

【保护状况】LC(无危)。

唐生波／摄

草地鹨　雀形目｜鹡鸰科

柴鉴云／摄

【学　　名】*Anthus pratensis*
【英 文 名】Meadow Pipit
【形态特征】体长 14~16 厘米，上体橄榄褐色，嘴细，头顶具黑色细纹，背具粗纹但腰无纵纹。下体皮黄，前端具褐色纵纹。尾褐，外侧羽近端处有白色宽边，外侧第二枚尾羽羽端白色。虹膜褐色；嘴角质色；脚偏粉色。
【生态习性】迁徙期见于荒漠草原、农田和原野，冬季见于不结冰的河流、水塘边及其附近的草地。
【居留状况】冬季罕见于新疆、北京、甘肃（兰州）；迁徙期偶见于新疆、甘肃、内蒙古（东部）及辽宁。长岛域内偶见。
【保护状况】NT(近危)。

树　鹨　雀形目｜鹡鸰科

丰淑亮／摄

【学　　名】*Anthus hodgsoni*
【英 文 名】Olive-backed Pipit
【别　　名】树麻扎
【形态特征】体长 15~17 厘米。眉纹皮黄色，耳后具白斑，上体橄榄绿色具褐色纵纹，下体灰白色，胸具黑褐色纵纹。虹膜褐色；上嘴褐色，下嘴粉红色；脚偏粉红色。
【生态习性】夏候鸟；常单独或结小群活动于各类林地，也在农耕地和园林活动；常上下摆尾；以昆虫和草籽为食；繁殖期 6~7 月，地面营巢，窝卵数 4~6 枚，雌鸟孵卵。
【居留状况】常见候鸟。繁殖于东北至华北地区；南迁越冬于华中、华东至华南的大部分地区。长岛域内偶见。
【保护状况】LC(无危)。

红喉鹨　雀形目｜鹡鸰科

丰淑亮／摄

【学　　名】*Anthus cervinus*
【英 文 名】Red-throated Pipit
【别　　名】赤喉鹨
【形态特征】体长 14~15 厘米。繁殖期颏、喉、胸粉红色，上体橄榄灰褐色，具浓重的黑褐色纵纹；下体黄褐色，下胸和两胁具黑褐色纵纹。非繁殖期上体黄褐色或棕褐色具黑色纹。虹膜褐色；嘴角质色，基部黄色；脚肉色。
【生态习性】旅鸟；栖息于灌丛、草甸、平原等生境；多成对活动于草地、农田或岩石；夏季以昆虫为食，冬季取食果实、种子。
【居留状况】常见旅鸟，迁徙经我国北方、华东、华中地区，至长江以南地区（包括海南和台湾）越冬。长岛域内偶见。
【保护状况】LC(无危)。

北鹨 雀形目 | 鹡鸰科

王小平 / 摄

【学　　名】*Anthus gustavi*

【英文名】Pechora Pipit

【形态特征】体长 14~15 厘米。似树鹨但背部白色纵纹形成两个"V"形且褐色较浓；黑色髭纹显著；与红喉鹨区别在于背及翼具白色横斑，腹部较白且尾无白色边缘；虹膜褐色，上嘴角质色、下嘴粉红，脚粉红。

【生态习性】旅鸟；喜开阔湿草地、河滩、沼泽、居民区；成对活动，常上下摆尾；地面觅食，以昆虫和草籽为食。

【居留状况】我国分布有 2 个亚种，为少见旅鸟或繁殖鸟。长岛域内常见。

【保护状况】LC(无危)。

新增 XIN ZENG

黄腹鹨 雀形目 | 鹡鸰科

丰淑亮 / 摄

【学　　名】*Anthus rubescens*

【英文名】Buff-bellied Pipit

【形态特征】体长 14~17 厘米。眉纹短，颈侧具显著的黑斑，上体灰色具淡黑色条纹，翅有两条白色翼带，飞羽羽缘白色；下体白色具黑褐色纵纹，尾黑褐色，繁殖羽下体皮黄色。虹膜褐色；嘴角质色，下嘴偏粉色；脚暗黄色。

【生态习性】旅鸟；主要栖息于阔叶林、混交林和针叶林；迁徙和越冬偏好近溪流湿草地；性活跃，频繁在地上或灌丛中觅食昆虫和植物种子。

【居留状况】繁殖于东北，南迁越冬于长江以南大部分地区及台湾。长岛域内偶见。

【保护状况】LC(无危)。

【拍摄时间、地点】2022 年 4 月 20 日 12:26，拍摄于长岛的北隍城岛。

雄性 顾晓军 / 摄

燕 雀　雀形目｜燕雀科

【学　　名】*Fringilla montifringilla*

【英 文 名】Brambling

【别　　名】虎皮雀

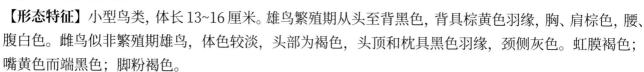

雌性 丰淑亮 / 摄

【形态特征】小型鸟类，体长 13~16 厘米。雄鸟繁殖期从头至背黑色，背具棕黄色羽缘，胸、肩棕色，腰、腹白色。雌鸟似非繁殖期雄鸟，体色较淡，头部为褐色，头顶和枕具黑色羽缘，颈侧灰色。虹膜褐色；嘴黄色而端黑色；脚粉褐色。

【生态习性】冬候鸟；冬季常见于混交林、人工林、居民点附近果园等处；迁徙和越冬期成群活动，可形成数百只的大群，晚上多在树冠部过夜；喜跳跃和波浪状飞行；主要以草籽、果实、种子等为食。

【居留状况】除西藏、海南外，见于各地。季节性常见，长岛域内常见。

【保护状况】LC(无危)。

锡嘴雀 雀形目｜燕雀科

【学　　名】*Coccothraustes coccothraustes*

【英 文 名】Hawfinch

【别　　名】老锡子、锡嘴、铁嘴蜡子

【形态特征】小型鸟类，体长 16~18 厘米。头皮黄色，喉具黑色斑块，背棕褐色，颈部具灰色领环，两翅和尾蓝黑闪辉，翅上具大块白斑，尾上覆羽棕黄色；下体棕褐色。虹膜褐色；嘴角质色；脚粉褐色。

【生态习性】旅鸟；主要栖息于低山、丘陵和平原等地；喜安静而警戒心强，多单独或成对活动，非繁殖期喜结群；主要以植物果实、种子为食，也吃昆虫。

【居留状况】见于除西藏、云南、海南外全国各地，但多在长江以北，季节性常见。长岛域内偶见。

【保护状况】LC(无危)。

黑尾蜡嘴雀 雀形目｜燕雀科

【学　　名】*Eophona migratoria*

【英 文 名】Chinese Grosbeak

【别　　名】蜡嘴、铜嘴

【形态特征】小型鸟类，体长 15~18 厘米。嘴黄色而粗大，端黑色。雄鸟头黑色闪辉，背、肩灰褐色，腰、尾上覆羽浅灰色，两翅和尾黑色，初级覆羽和外侧飞羽具白色端斑，颏和上喉黑色；其余下体灰褐色，腰和尾下覆羽白色，两胁棕色。雌鸟头部灰褐色，飞羽端部黑色。虹膜褐色；脚粉褐色。

刘毅 / 摄

【生态习性】夏候鸟（部分旅鸟）；树栖性，性活泼而大胆，不甚怕人；活动于林缘疏林、河谷、果园、城市公园以及农田地边和庭院；主要以种子、果实、草籽等为食，也吃部分昆虫；繁殖期 5~7 月，营杯状巢于乔木冠部，窝卵数 3~7 枚，雌雄共同育雏，晚成鸟。

【居留状况】见于除西北和海南外全国各地。长岛域内偶见。

【保护状况】LC(无危)。

丰淑亮 / 摄

黑头蜡嘴雀　雀形目 | 燕雀科

【学　　名】*Eophona personata*

【英文名】Japanese Grosbeak

【别　　名】蜡嘴、铜嘴蜡子

【形态特征】体长20~24厘米。与黑尾蜡嘴相似，区别在于体形大，嘴端无黑色，头部黑色区域小，中止于眼后。虹膜深褐色；嘴黄色；脚粉褐色。

【生态习性】旅鸟；较其他蜡嘴雀偏好低海拔地区，主要栖息于平原和丘陵溪边灌丛、草丛、次生林、农田和果园；怯生而安静，除繁殖期外多集群活动；主要以植物性食物为食（繁殖期也食昆虫）。

【居留状况】见于中东部地区。长岛域内罕见。

【保护状况】LC(无危)。

王小平 / 摄

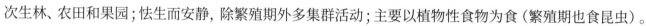

红腹灰雀　雀形目 | 燕雀科

【学　　名】*Pyrrhula pyrrhula*

【英文名】Eurasian Bullfinch

【别　　名】欧亚红腹灰雀

【形态特征】小型鸟类，体长15.5~17.5厘米。雄鸟顶冠、眼罩、颏蓝黑闪辉，脸侧、喉粉红或灰色，胸腹酒红、淡粉或灰色，背棕或灰色。翅黑色具大块翼斑，尾黑色，腰和尾下覆羽白色。雌鸟似雄鸟，雄鸟的粉红色被雌鸟的暖褐色代替。虹膜褐色；嘴黑色；脚黑褐色。

【生态习性】冬候鸟（罕见）；栖息于低海拔针阔混交林和灌木丛、果园和花园；冬季成小群。

【居留状况】各亚种均见于东北、华北（北部）、新疆，偶至上海、江苏、河南。长岛域内偶见。

【保护状况】LC(无危)。

雌性 刘毅 / 摄

雄性 顾晓军 / 摄

粉红腹岭雀 雀形目｜燕雀科

【学　　名】*Leucosticte arctoa*

【英 文 名】Asian Rosy Finch

【形态特征】体长 14~18 厘米。雄鸟头前、眼先、颊灰色，枕和上背棕色，两翼近黑色而羽缘粉红色，尾黑而羽缘白；下体灰黑色，两胁和腹粘粉色。雌鸟较雄鸟色暗，通体粉红色少而不显著，两翼的粉红色仅限于覆羽。虹膜褐色；嘴黄色而端黑色；脚黑色。

【居留状况】繁殖于东北北部；越冬于东北大部、华北北部。长岛域内偶见。

【保护状况】LC(无危)。

陈加盛 / 摄

普通朱雀 雀形目｜燕雀科

【学　　名】*Carpodacus erythrinus*

【英 文 名】Common Rosefinch

【别　　名】红麻鹨、青麻料、朱雀

【形态特征】小型鸟类，体长 13~15 厘米。繁殖期雄鸟头、胸、腰及翼斑多具鲜亮红色。雌鸟无粉红，上体清灰褐色，下体近白。雄鸟于其他朱雀区别在于其红色鲜亮，无眉纹，腹白，脸颊及耳羽色深。虹膜深褐；嘴灰色；脚近黑。

【生态习性】夏候鸟；栖息于混交林、针叶林和草甸带；常单独、成对或结小群活动；春季以白桦嫩叶、杨树叶芽等为食。夏季以鞘翅目昆虫为主食，秋季则以浆果、种子及昆虫为食；繁殖期 5~7 月，窝卵数 4~5 枚。

【居留状况】分布于东北、华北、华中、华东。长岛域内偶见。

【保护状况】LC(无危)。

雄性 丰淑亮 / 摄

雌性 丰淑亮 / 摄

长尾雀　雀形目｜燕雀科

【学　　名】 *Carpodacus sibiricus*

【英 文 名】 Long-tailed Rosefinch

【形态特征】 体长 14~18 厘米。繁殖期雄鸟脸颊、额、喉、颈侧深红色，眉纹和眼下霜白色，胸、上腹粉红色，额和颈背苍白色，上背褐色粘粉色，翅上具两道宽阔白翼斑。雌鸟总体褐色，具深色纵纹，胸及腰棕色。虹膜褐色；嘴黄褐色；脚灰褐色。

【生态习性】 旅鸟；多见于低矮灌丛、柳丛、蒿草丛、公园、苗圃；成鸟常单独或成对活动，幼鸟结群，取食行为似金翅雀。

【居留状况】 全国大部分地区均有分布。长岛域内偶见。

【保护状况】 LC(无危)。

王小平／摄

北朱雀　雀形目｜燕雀科

【学　　名】 *Carpodacus roseus*

【英 文 名】 Pallas's Rosefinch

【别　　名】 靠山雀

【形态特征】 小型鸟类，体长 15~17 厘米。雄鸟头、上背及下体绯红色，额、颊、喉银白色，腰和尾上覆羽粉红色，翅上具两道粉白色翼斑。雌鸟体羽色暗，具深色纵纹，额及腰粉色，喉、胸沾粉。虹膜褐色；嘴近灰色；脚褐色。

【生态习性】 冬候鸟；栖息于山区混交林、阔叶林以及平原地区杂木林；喜集群，多以家族群迁徙；主要以各种野生植物果实、种子和嫩芽等为食，也吃谷物种子。

【居留状况】 常见冬候鸟，见于东北、华北、华东和华中地区，迁徙季节也见于新疆北部。长岛域内偶见。

【保护状况】 LC(无危)；国家二级保护野生动物。

雌性 王小平／摄

雄性　王小平／摄

白腰朱顶雀　　雀形目｜燕雀科

李显达 / 摄

【学　　名】*Acanthis flammea*

【英 文 名】Common Redpoll

【别　　名】苏雀、贝宁点红

【形态特征】小型鸟类, 体长 11.5~14 厘米。雄鸟前额、眼先、颏黑色, 头顶朱红色, 上体褐色, 具黑色纵纹, 喉、胸粉色, 腹部白色。雌鸟喉、胸无粉色。虹膜褐色; 嘴黄色; 脚黑褐色。

【生态习性】冬候鸟; 栖息于溪边树丛、林缘农田、果园; 喜群居, 不惧人; 地面觅食, 以植物种子和昆虫为食。

【居留状况】见于东北、华北、西北, 地方性常见。偶至长江中下游甚至台湾。长岛域内偶见。

【保护状况】LC(无危)。

金翅雀　　雀形目｜燕雀科

刘毅 / 摄

【学　　名】*Chloris sinica*

【英 文 名】Grey-capped Greenfinch

【别　　名】金翅儿、绿雀、东方金翅、黄豆雀

【形态特征】小型鸟类, 体长 12~14 厘米。具宽阔的黄色翼斑。雄鸟顶冠及颈部灰色, 背纯褐色, 外侧尾羽基部及臀部黄色。雌鸟色暗, 幼鸟色淡且多纵纹。虹膜栗褐色; 嘴、脚粉褐色。

【生态习性】留鸟; 常单独或成对活动, 冬季成群; 飞翔迅速, 两翅扇动甚快并伴有悦耳的 "啾啾" 鸣叫声; 主要以植物果实、种子、草籽等为食; 繁殖期 3~8 月, 乔木或灌木上营杯状巢, 窝卵数 4~5 枚, 雌鸟孵化, 双亲育雏, 雏鸟晚成。

【居留状况】见于除新疆、西藏、海南外全国各地。长岛域内偶见。

【保护状况】LC(无危)。

极北朱顶雀　　雀形目｜燕雀科

陈云江 / 摄

【学　　名】*Acanthis hornemanni*

【英 文 名】Arctic Redpoll

【形态特征】小型鸟类, 体长 12~14 厘米。翼近黑, 头顶有红色点斑, 颏黑。各年龄段均似白腰朱顶雀但白色较多且纵纹较少, 胸、脸侧及腰的粉红色有限, 尾分叉, 腰几乎为白色。虹膜褐色; 下嘴黄色; 上嘴黑褐色, 脚暗褐色。

【生态习性】 集群活动于枝叶间, 也至地面觅食。

【居留状况】见于东北、西北。少见。长岛域内偶见。

【保护状况】NR(未认可)。

红交嘴雀 雀形目｜燕雀科

【学　　名】*Loxia curvirostra*

【英 文 名】Red Crossbill

【别　　名】交喙鸟、青交嘴（雌鸟）

【形态特征】小型鸟类，体长 15~17 厘米。上下嘴端交错。雄鸟通体朱红色，两翅和尾黑色。雌鸟无红色而为橄榄绿色。虹膜深褐色；嘴褐色；脚近黑色。

【生态习性】留鸟；栖息于寒温针叶林带各种林型，冬季游荡且部分鸟结群迁徙；飞行迅速而呈波浪状，倒悬觅食落叶松种子；6~8 月繁殖，营巢于高大乔木侧枝，巢杯状，窝卵数 3~5 枚，雌鸟孵卵，双亲育雏，晚成鸟。

【居留状况】分布于东北、华北、华中、华东。地方性常见，长岛域内偶见。

【保护状况】LC(无危)；国家二级保护野生动物。

雄性　王小平 / 摄

黄 雀 雀形目｜燕雀科

【学　　名】*Spinus spinus*

【英 文 名】Eurasian Siskin

【别　　名】金背

【形态特征】小型鸟类，体长 11~12 厘米。雄鸟的顶冠及额黑色，头侧、腰及尾基部亮黄色，翼上具醒目黑色及黄色条纹。雌鸟色暗而多纵纹，头冠和额无黑色。幼鸟似雌鸟，但褐色较重，翼斑多橘黄色。虹膜深褐色；嘴偏粉色；脚近黑色。

【生态习性】旅鸟；栖息环境比较广泛，山区或平原都可见到；活泼好动，迁徙季节和冬季成群；以植物种子和果实为主要食物，兼食少量昆虫。

【居留状况】除宁夏、西藏外，见于各地。地区性常见，长岛域内偶见。

【保护状况】LC(无危)。

顾晓军 / 摄

丰淑亮 / 摄

刘毅 / 摄

新增 XIN ZENG

棕头鸦雀　　雀形目｜鸦雀科

【学　　名】*Sinosuthora webbiana*

【英 文 名】Vinous-throated Parrotbill

【形态特征】小型鸟类，体长 10~13 厘米。玲珑的粉褐色鸦雀。头顶及两翼栗褐色，喉部微具细纹。虹膜褐色；嘴灰褐色而端部色浅；脚粉灰。

【生态习性】留鸟；主要栖息于林缘灌丛，疏林草坡、竹丛、矮树丛和高草丛中，冬季多下到山脚和平原的地边灌丛、苗圃和芦苇沼泽中活动，甚至出现于城镇公园；主要以昆虫为食，也吃植物果实与种子等；繁殖期 4~8 月，年繁殖 1~2 窝，窝卵数 4~5 枚。

【居留状况】全国各地均有分布。长岛域内偶见。

【保护状况】LC(无危)。

【拍摄时间、地点】2021 年 4 月 30 日 6:31，拍摄于长岛的大黑山岛。

李显达 / 摄

铁爪鹀　　雀形目｜铁爪鹀科

【学　　名】*Calcarius lapponicus*

【英 文 名】Lapland Longspur

【别　　名】铁雀、铁爪子、雪眉子

【形态特征】小型鸟类，体长 14~18 厘米。繁殖期雄鸟脸、喉、胸黑色，颈背棕色，头侧具白色"之"字形纹。繁殖期雌鸟颈背及大覆羽边缘棕色，侧冠纹略黑色。虹膜栗褐色；嘴黄色而端色深；脚深褐色。

【生态习性】旅鸟；冬季栖息于沼泽、草地、平原；群栖，常与云雀混群；不甚惧人，习性似百灵；地面活动，觅食各种草籽。

【居留状况】越冬于我国东北、华北、华东、华中和四川等地，迷鸟至福建宁德和台湾。长岛域内偶见。

【保护状况】LC (无危)。

白头鹀　雀形目｜鹀科

【学　　名】*Emberiza leucocephalos*
【英 文 名】Pine Bunting
【别　　名】白冠雀、松树鹀、地麻窜
【形态特征】小型鸟类，体长 16~17.5 厘米。雄鸟繁殖期具白色中央冠纹和黑色侧冠纹。耳羽中间白边缘黑，颏、喉及眉纹栗色，肩和背红褐色具黑褐色纵纹，胸、胁栗红色，胸和喉之间具一道半月形白斑，下体余部白色；非繁殖羽头、胸白斑不明显。雌鸟头、胸部无白色，喉米黄色，全身多皱纹。虹膜、上嘴黑褐色；下嘴角黄色；脚肉色。

雄性 李显达 / 摄

【生态习性】旅鸟；栖息于低山和山脚平原的开阔地带，常在田间地头、水塘公园等地觅食。主要以草籽、种子等植物性为食，繁殖期吃一些昆虫。
【居留状况】繁殖于新疆和东北地区，在华北、中南至华东地区为不定期出现的冬候鸟，迷鸟至台湾。长岛域内偶见。
【保护状况】LC(无危)。

三道眉草鹀　雀形目｜鹀科

【学　　名】*Emberiza cioides*
【英 文 名】Meadow Bunting
【别　　名】三道眉、地麻雀、山麻雀
【形态特征】小型鸟类，体长 15~18 厘米。雄鸟具醒目的白色眉纹，眼下具白色横带，贯眼纹和髭纹黑褐色，颏、喉白色，胸具浓郁栗红色。雌鸟胸部淡棕褐色，皮黄色替代了雄鸟的白色部位。虹膜深褐色；上嘴色深，下嘴蓝灰色而端黑；脚粉褐色。

顾晓军 / 摄

【生态习性】留鸟；栖息于高山、丘陵、山谷及平原等地；杂食性，夏季以昆虫为主，冬季以植物性食物为主;5月开始繁殖，有鸣唱占区行为，巢呈碗状，藏匿于地面草丛，窝卵数 4~5 枚，雌鸟孵化，双亲育雏，晚成鸟。
【居留状况】除西藏、海南外，全国广布而常见。长岛域内常见。
【保护状况】LC(无危)。

灰眉岩鹀　雀形目｜鹀科

徐永春 / 摄

【学　　名】*Emberiza godlewskii*

【英 文 名】Godlewski's Bunting

【别　　名】灰眉子、灰眉雀

【形态特征】小型鸟类，体长 15~18 厘米。头部、喉至胸部浅灰色，侧冠纹、过眼纹红棕色，髭纹黑色。背部栗色而有黑色短纵纹，腹部浅栗色，臀偏白。虹膜深褐色；嘴灰蓝色；脚粉褐色。

【生态习性】夏候鸟；栖息于裸露的低山丘陵、高山和高原开阔地带的岩石荒坡、草地和灌丛；植食性为主；繁殖期 4~7 月，年产 2 窝，窝卵数 3~5 枚。

【居留状况】各亚种均较常见。见于东北、华北、西北地区及青藏高原。长岛域内偶见。

【保护状况】LC(无危)。

白眉鹀　雀形目｜鹀科

顾晓军 / 摄

【学　　名】*Emberiza tristrami*

【英 文 名】Tristram's Bunting

【别　　名】白三道儿、五道眉、小白眉

【形态特征】小型鸟类，体长 13~16 厘米。雄鸟头黑色，具白色中央冠纹及宽阔的眉纹和髭纹，背、肩栗褐色具黑色纵纹，腰和尾上覆羽栗色或栗红色。额、喉黑色，胸部栗色；其余下体白色，两胁具栗色纵纹。雌鸟头栗色，额、喉白色，髭纹黑色。虹膜深栗褐色；上嘴蓝灰色，下嘴偏粉色；脚浅褐色。

【生态习性】旅鸟；栖息于隐秘林下灌丛，安静而怯生；成小群在地面或树上活动；食物以昆虫为主，兼食草籽和浆果。

【居留状况】繁殖于黑龙江、内蒙古东北部和吉林北部；迁徙经过东部各地；越冬于长江以南地区。长岛域内偶见。

【保护状况】LC(无危)。

栗耳鹀　　雀形目｜鹀科

【学　　名】*Emberiza fucata*

【英 文 名】Chestnut-eared Bunting

【别　　名】赤胸鹀

【形态特征】小型鸟类，体长 14~16 厘米。耳羽栗色，顶冠纹灰色，颈部具明显的黑色粗点斑，下颊纹延至胸部，腰多棕色，尾侧多白色。繁殖期雄鸟的栗色耳羽和灰色顶冠、颈侧明显。雌鸟似非繁殖羽雄鸟，但色彩较淡且少特征。虹膜深褐色；上嘴黑色具灰色边缘，下嘴蓝灰色，基部粉红色；脚粉红色。

丰淑亮 / 摄

【生态习性】旅鸟；栖息于山区河谷沿岸草甸、灌丛；植食性为主。

【居留状况】繁殖于除新疆、青海外的北方大部分地区。长岛域内偶见。

【保护状况】LC(无危)。

黄眉鹀　　雀形目｜鹀科

【学　　名】*Emberiza chrysophrys*

【英 文 名】Yellow-browed Bunting

【别　　名】黄眉地麻串

【形态特征】小型鸟类，体长 13~17 厘米。眉纹前半部黄色，后半部白色，颊纹白色，耳羽处具白斑；下体白色多纵纹，翼斑白色，腰斑驳，尾色较重。雄鸟脸颊、侧冠纹黑色；雌鸟为棕色。虹膜深褐色；上嘴褐色，下嘴肉色；脚粉色。

丰淑亮 / 摄

【生态习性】旅鸟；栖息于林缘次生灌丛，常与其他鹀类混群；安静惧生，地面活动；杂食性。

【居留状况】在我国为旅鸟或冬候鸟；迁徙经东北至华东各地；越冬于华南和华东地区。长岛域内常见。

【保护状况】LC(无危)。

小鹀　　雀形目｜鹀科

【学　　名】*Emberiza pusilla*

【英 文 名】Little Bunting

【别　　名】红脸麻串

【形态特征】小型鸟类，体长11~14厘米。通体栗色具黑色条纹，眼圈儿皮黄色，耳羽及顶冠纹暗褐绿色，颊纹及耳羽边缘灰黑色，眉纹及第二道下颊纹皮黄色，上体褐色具深色纵纹，下体偏白，胸及两胁具黑色纵纹。雌鸟及雄鸟非繁殖羽色淡。无黑色头侧纹。虹膜深红褐色；嘴灰色；脚红褐色。

丰淑亮 / 摄

【生态习性】旅鸟；栖息于针叶林、混交林、阔叶林等多种林下隐秘生境；常与鹀类混群；植食性为主，兼食动物性食物。

【居留状况】广布于我国东部地区。在北方和青藏高原为旅鸟，南方为冬候鸟，秋冬季常见。长岛域内常见。

【保护状况】LC(无危)。

黄喉鹀　　雀形目｜鹀科

【学　　名】*Emberiza elegans*

【英 文 名】Yellow-throated Bunting

【别　　名】黄豆瓣、黄眉子

【形态特征】小型鸟类，体长15~16厘米。腹部白色，雄鸟具前黑后黄短羽冠且喉部黄色，贯眼纹黑色宽阔，胸部黑色，上体、翼和腰棕红色，尾羽黑色而外缘白色。虹膜深栗色；嘴黑褐色；脚浅灰褐色。

顾晓军 / 摄

【生态习性】夏候鸟；栖息于低山丘陵次生林、阔叶林、针阔叶混交林林缘灌丛；地面觅食昆虫及其幼虫；繁殖期5~7月，地面、地上均可营巢，窝卵数5~6枚，双亲共同孵化育雏，雏鸟晚成。

【居留状况】繁殖于东北、华北地区，越冬于东部、东南部及台湾。长岛域内常见。

【保护状况】LC(无危)。

田 鹀　　雀形目｜鹀科

顾晓军 / 摄

【学　　名】*Emberiza rustica*

【英 文 名】Rustic Bunting

【别　　名】花眉子、白眉儿

【形态特征】小型鸟类，体长 13~15 厘米。雄鸟头具黑白条纹，头部斑块黑色较重，颈背、胸带、两胁具棕色纵纹，略具羽冠。雌鸟似非繁殖期雄鸟，但白色部位色暗，染皮黄色的脸颊后方通常具一块近白色的点斑。虹膜深褐色；嘴深灰色；脚肉褐色。

【生态习性】旅鸟；栖息于平原杂木林、人工林、灌木丛和沼泽草甸；常与灰头鹀、黄胸鹀混群；地面活动，植食性为主。

【居留状况】迁徙经东北、华北地区和新疆，越冬于华中、华东至华南地区，包括台湾，偶至云南。地方性常见，近年种群数量呈显著下降趋势。长岛域内常见。

【保护状况】VU(易危)。

栗 鹀　　雀形目｜鹀科

【学　　名】*Emberiza rutila*

【英 文 名】Chestnut Bunting

【别　　名】红金钟、紫背儿、大红袍

【形态特征】小型鸟类，体长 14~15 厘米。繁殖期雄鸟头、上体及胸栗色而腹部黄色。雌鸟顶冠、上背、胸、两胁具深色纵纹，胸淡黄色。虹膜深褐色；上嘴黑褐色，下嘴肉色；脚肉褐色。

雄性　丰淑亮 / 摄

【生态习性】旅鸟；栖息于山麓或田间树上以及湖畔或沼泽地柳林、灌丛或草甸，冬季见于林缘及农耕区；迁徙或越冬季节成群，不惧生；植物性食物为主。

【居留状况】繁殖于东北地区；迁徙经华北、华中至东部的大部分地区及台湾；越冬于华南沿海。一般不常见，因黄胸鹀非法贸易而受到牵连，数量归显著下降。长岛域内常见。

雌性　丰淑亮 / 摄

【保护状况】LC(无危)。

丰淑亮 / 摄

黄胸鹀 　雀形目 | 鹀科

【学　　名】*Emberiza aureola*
【英 文 名】Yellow-breasted Bunting
【别　　名】黄胆、禾花雀、黄肚囊、黄豆瓣、麦黄雀、老铁背、金鹀、白肩鹀
【形态特征】小型鸟类，体长 14~16 厘米。繁殖期雄鸟顶冠及颈背栗色，脸、眼先、喉黑色，黄色领环和黄色的胸腹部间隔有栗色胸带，翼角具明显白色横纹，尾和翅黑褐色。雌鸟眉纹皮黄色，上体棕褐色，具粗的黑褐色中央纵纹，腰和尾上覆羽栗红色；下体淡黄色，胸无横带。虹膜深栗褐色；上嘴黑褐色，下嘴粉褐色；脚淡褐色。
【生态习性】旅鸟；栖息于低山丘陵和开阔平原地带灌丛、草甸；冬季成大群且与其他小型鸟类混群；主要以昆虫为食，兼食植物性食物。
【居留状况】繁殖于东北，迁徙时经过我国大部分地区，少量越冬于东南至华南沿海地区及海南。长岛域内罕见。
【保护状况】CR(极危)；国家一级保护野生动物。

灰头鹀　　雀形目｜鹀科

丰淑亮／摄

【学　　名】*Emberiza spodocephala*

【英 文 名】Black-faced Bunting

【别　　名】青头楞、青头鬼儿、蓬鹀、青头雀、黑脸鹀

【形态特征】小型鸟类，体长 13.5~16 厘米。繁殖期雄鸟头、颈、背及喉灰色，眼先及额黑色，上体余部浓栗色具明显的黑色纵纹，下体浅黄或近白，胁部具纵纹，尾色深具白色边缘。雌鸟和雄鸟非繁殖期头橄榄色。虹膜深褐色；上嘴近黑并具浅色边缘，下嘴偏粉色且端部色深；脚粉褐色。

【生态习性】夏候鸟（旅鸟）；栖息于山区河谷溪流两岸、平原沼泽地疏林和灌丛；繁殖期常站立枝头鸣唱；冬季成群，地面觅食，杂食性；5~6 月繁殖，营杯状巢于矮灌木，窝卵数 4~6 枚，双亲育雏，晚成鸟。

【居留状况】常见候鸟。繁殖于东北；越冬于华东至华南大部分地区。长岛域内常见。

【保护状况】LC(无危)。

苇　鹀　　雀形目｜鹀科

丰淑亮／摄

【学　　名】*Emberiza pallasi*

【英 文 名】Pallas's Bunting

【别　　名】苇麻审

【形态特征】小型鸟类，体长 13~15 厘米。头黑；雄鸟颈圈白而下体灰，上体具灰及黑色横斑；雌鸟浅沙皮黄色，头顶、上背、胸及两胁具深色纵纹；尾较长；虹膜深栗，嘴灰黑，脚粉褐。

【生态习性】旅鸟；栖息于平原沼泽及溪流旁柳丛、芦苇丛及灌丛；植食性为主，兼食昆虫。

【居留状况】为东部的旅鸟或冬候鸟。长岛域内常见。

【保护状况】LC(无危)。

红颈苇鹀　　雀形目｜鹀科

丰淑亮／摄

【学　　名】*Emberiza yessoensis*

【英 文 名】Ochre-rumped Bunting

【别　　名】黑头

【形态特征】小型鸟类，体长13~15厘米。繁殖期雄鸟头黑色，腰、颈、背棕色。繁殖期雌鸟头部似芦鹀但比芦鹀色淡且纵纹少，颈、背粉棕色，头顶及耳羽色深。非繁殖期雌雄相似，但雄鸟喉色深。虹膜栗褐色；嘴灰黑色；脚偏粉色。

【生态习性】旅鸟；栖息于芦苇丛、多草沼泽和湿草甸，越冬于沿海沼泽；非繁殖期集群；觅食禾本科植物种子和昆虫。

【居留状况】繁殖于黑龙江和吉林；迁徙经华北和华东；越冬于长江中下游地区，华南偶见。长岛域内偶见。

【保护状况】NT(近危)。

芦 鹀　　雀形目｜鹀科

王小平／摄

【学　　名】*Emberiza schoeniclus*

【英 文 名】Reed Bunting

【别　　名】大苇蓉、大山家雀儿

【形态特征】小型鸟类，体长15~17厘米。嘴较苇鹀厚，且上嘴凸形。雄鸟繁殖期头黑色，具显著的白色下髭纹，似苇鹀雄鸟，但上体多棕色。雌鸟似非繁殖期雄鸟，头部黑色几乎消失，头顶和耳羽具杂斑，眉线皮黄色，与苇鹀的区别在于小覆羽棕色而非灰色。虹膜栗褐色；嘴黑褐色；脚深褐色至粉褐色。

【生态习性】旅鸟；栖息于高芦苇地，冬季至平原沼泽地和湖沼沿岸低地灌、草丛；冬季集群，性活泼惧生；杂食性。

【居留状况】繁殖于东北地区，在华南越冬。长岛域内偶见。

【保护状况】LC(无危)。

王成军 / 摄

黑天鹅　　雁形目 | 鸭科

【学　　名】*Cygnus atratus*

【英 文 名】Black Swan

【形态特征】体长110~140厘米；全身羽毛卷曲，体羽斑点闪烁，主要呈黑灰色或黑褐色，腹部为灰白色，飞羽为白色。尾长而分叉，外侧羽端钝而上翘形似竖琴。有一个明亮的蜡质的鸟喙，为红色或橘红色，靠近端部有一条白色横纹。虹膜为红色或白色，跗跖和蹼为黑色。

【生态习性】在繁殖期喜欢栖息在开阔的、食物丰富的浅水水域中，如富有水生植物的湖泊、水塘和流速缓慢的河流，特别是在针叶林带，最喜桦树林带和无林的高原湖泊与水塘，冬季则主要栖息在多草的大型湖泊、水库、水塘、河流、海滩和开阔的农田地带。

【居留状况】分布于澳洲西南部、南部、东部地区。后引进至新加坡、英国和部分西欧国家。新中国成立后部分动物园引进，后部分个体逃逸野外形成野生种群。黑天鹅非真正意义上的野生鸟类，所以没有被计算在长岛的377种野生鸟类之中。

【保护状况】LC(无危)。

【拍摄时间、地点】2020年9月7日14:24，拍摄于长岛的北长山岛。

中文名索引

学名索引